依照12大經濟用途分類，收錄在台栽種歷史與新興保健作物

台灣經濟作物圖鑑

郭信厚◎著

貓頭鷹

目次

台灣經濟起飛，這次從綠金再出發！

　　地球上的植物多達數十萬種，其中和人類衣、食生活直接相關，具有特殊利用價值而被收集、栽培和利用的農作物（crops）至少三、四千種，包含糧食、蔬菜、果樹、特用植物等。

　　在貧困的年代，農作物的收成攸關一家的溫飽。但並非所有農作物的收穫物都直接供人食用，有些是將纖維、莖稈或種子送到工廠編織、製糖、搾油、製粉，這些經過「加工」過程製成原料販售或利用的農作物，通稱為經濟作物（economic crops）、工藝作物（industrial crops）或現金作物（cash crops）；又因加工後經濟價值提高且具有特殊用途，亦稱特用作物（usesespecially crops）。可分為纖維料、油料、澱粉料、糖料、嗜好料、香花與香料、香辛調味料、藥用與保健料、染料與單寧料、橡膠及樹脂料等十餘大類，應用方式相當多元。

　　筆者出身於農家，一直對農作物有特殊感情，退伍後喜歡四處觀察拍攝各式作物。於林業試驗所服務期間曾負責台北植物園「民生植物區」管理工作，在園方既有基礎上，出版了《民生植物篇》一書，並努力從農業試驗所、農業改良場、世界蔬菜中心、糖業研究所、台灣大學、中興大學、嘉義大學、屏東科技大學和國外植物園等單位收集到許多的經濟作物，曾欲輪流栽培展示供遊客近距離觀察與認識，只是我不久即因考上公職而離職，這個理想才剛開始就換手，未能充分發揮與落實。之後在嘉義大學服務期間，曾利用公餘及隙地，繼續實地耕作，收集第一手栽培的資料。甚至買房子時也特地挑選公寓頂樓，以便利用樓上的陽台空間，用花盆來繼續完成這個夢。僅極少數是在國外拍攝。

　　本書將多年來累積的經濟植物資料，依作物用途、科別、學名次第呈現，概述其纖維料、油料、澱粉料、糖料、嗜好料、香花與香料、香辛調味料、藥用與保健料、染料、橡膠及樹脂料等用途。並將「綠肥植物」一併納入，因為它們能提供經濟作物生長所需的有機養分，減少化學肥料並改善地力，是農業永續經營很重視的一環，有必要一起介紹。

　　台灣的土地狹小，但國人勤奮的天性，對於新作物的栽培接受度很高，因此推廣過的經濟作物不少。只是目前因為栽培成本高，廠商大多直接進口原物料，因此許多種類現今已不容易看到。利用再版的機會，本書收集的作物已增加為179種，謹供諸君參考。期許有一天能再次發光發熱，再為台灣的農業經濟提供助益。

郭信厚

台灣經濟作物發展史

　　台灣的礦產資源不多，農業成了經濟發展的基礎。台灣的農作物種類相當的多，除了填飽肚子的稻米外，可供加工製造、外銷賣錢的經濟作物，在農業上占有舉足輕重的地位，對台灣經濟發展有著不可抹滅的貢獻。依照這些作物引進栽培的時間，可概分為以下時期：

發軔期

　　台灣的經濟作物來源，少數為原住民早已栽培利用者。例如山藥屬的植物原本在台灣即有野生；芋頭、小米則可能為其祖先漂洋過海攜帶而來。在農事生產上，原住民大多在平野地區以燒砍樹林的方式游耕或輪耕，當三、五年後地力耗盡即予棄耕，尋覓新的土地重新燒墾，作物的產量大多僅夠溫飽，經濟貿易量不多。但是原住民善於利用野生植物就地取材供纖維與編織（箭竹、黃藤、月桃等）、香花或香辛料（山素英、山胡椒、羅氏鹽膚木等）、染料（馬藍、黃梔、裏白葉薯榔等）、藥用料或驅蟲藥（八角蓮、台灣魚藤等）、嗜好料（荖藤等）、洗滌料（無患子、木鱉子等），目前已有「民族植物」學者在研究彙整這方面的資料。

馬藍可作為藍染原料，在百年前是台灣三大出口產業之一。

荷據時期

　　荷蘭人從南洋引進一些熱帶作物，例如甘蔗、水稻、芒果、釋迦、辣椒、菸草、蓖麻，以及溫帶的豌豆、甘藍、番茄等。因人力不足，以優厚的條件招徠沿海漢人來台開墾，並從印度購入黃牛協助農耕。估計此時期水稻面積約6,000公頃，集中在台南一帶，但因缺少水源灌溉，每年僅能於雨季種植一期。蔗作面積約1,800公頃，這段期間已有砂糖經由海船外銷日本、波斯。只是荷蘭人也訂定了許多苛稅，大多是為了剝削漢人所得。

小米是台灣原住民重要的作物，在慶典中常被製成祭品。

明鄭時期

　　鄭成功收復台灣後，大量漢人移居台灣，攜進許多華南廣為栽培的傳統作物如胡麻、秈稻（在來米）、大豆、棉花、油菜、鳳梨、香蕉、油桐、白玉蘭、果樹和蔬菜。為了解決軍糧的問題，鄭氏採寓兵於農的屯墾方式，平時操作農事，農閒時加以軍訓，如此一來各地駐軍既可自耕自足，尚能保障漢人安全。此時期的田產分為「官田」（政府所有）、「私田」和「營盤」（各地駐軍所開墾），開墾地區已逐漸擴及鳳山、恆春、新營、嘉義、雲林、彰化、埔里、苗栗、新竹和淡水等，面積估計將近2萬公頃，但原住民的生活區域則相對被壓縮。

亞洲棉是元、明、清三朝政府極為重視的棉花。

清朝時期

芝麻因是張騫通西域時傳入中國的，為有別於大麻，故稱「胡麻」。

　　清朝初期，閩廣一帶由於山多田少，年輕人相率出海謀生，有些遠渡南洋成為華僑。當時的台灣是一個充滿希望的新天地，許多「唐山人」不顧海禁跨越「黑水溝」來到這裡，並繼續引進華南一帶的經濟作物如黃麻、孟宗竹、烏臼、油茶等。繼嘉南平原後，開墾區逐漸往北進入彰化平原、台中盆地、桃園台地、台北盆地而到達蘭陽平原，往南則進入高屏溪流域，晚期並深入山區，甚至翻過中央山脈進入花東。

　　由於稻米是人們的主食，當時農地的開發多半是沿著灌溉水圳的興建而前進，逐漸形成聚落，並帶動相關行業的發展，最著名的灌溉水圳為八堡圳（彰化二水，濁水溪之水源，施世榜所建）、瑠公圳（台北盆地，新店溪之水源，郭錫瑠、郭元汾父子所建）和曹公圳（高雄鳳山，高屏溪之水源，鳳山知縣曹謹所建），除了讓荒原變成沃野，水圳和水塘亦兼具防洪之效。此時平地旱田以種植粗放

管理的甘蔗、甘藷、落花生為大宗；水到渠成的良田則發展稻作，一年可收穫二期。到了清朝晚業，繼稻米、砂糖之後，台灣的茶葉、樟腦也成為重要的外銷商品。砂糖的出口廣及澳洲、英國和美國；茶葉則遠銷歐美，品質已超越大陸。

日治時期

「農業台灣」為日本總督府治台的經濟政策，此時成立的農業試驗所、林業試驗所、糖業試驗所、農業改良場、茶葉改良場等單位，為台灣奠定良好的農業發展基礎，許多經濟作物廣被栽培，引種、育種、栽培技術、加工製造方法備受重視。

首先從日本引進溫帶型的稉稻（蓬萊米）加以改良，供應在台日人之所需，並大力改良、育成及推廣許多作物新品種，教導農民栽

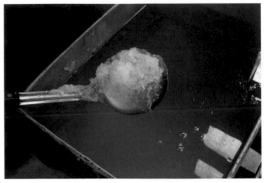

樟樹全株富含精油，可提煉製成各種樟腦產品。

種新技術，開發桃園大圳、嘉南大圳等農田水利，普及化學肥料，讓台灣的農產品質量俱增。極盛時期，砂糖曾遠銷加拿人、西班牙、澳洲、瑞士，為日本賺進大量外匯；香蕉、鳳梨、甘藷和小麥也都是重要的作物，栽培面積往往上萬公頃。

隨著日軍入侵南洋，日人除了把台灣培育

咖啡自清末便已引進種植，有計劃栽培始於日治時期，光復後逐漸荒廢，近年來又開始流行。

的作物種苗移植到占領地栽培，也引進、試種許多東南亞、中南美洲的熱帶經濟作物如巴西橡膠樹、可可、金雞納樹、咖啡、人心果、胡椒、瓊麻、香茅、木薯和油椰子等，並重點發展黃麻、苧麻、棉花等纖維作物，蓖麻、落花生等油料作物以及木薯等澱粉作物，以確保將來開戰後，萬一遭逢盟軍封鎖時，這些重點原料仍能自給自足。

七七事變後，日軍全面侵華，日本國糧食不足，必須增加台灣的糧食供應量。太平洋戰爭爆發後，前方缺糧益發嚴重，加上台灣人被調派參戰，農耕勞力不足，台灣的糧食供應已極度吃力，仍然被迫飢饉度日，改以甘藷等雜糧糊口，稻米則運往日本和偽滿州國以充軍報國。也因為戰爭的關係，海外製造的化學肥料補給不易，許多農民遂種植綠肥作物以改善地力。

光復迄今

光復之初，台灣的農業環境因為戰爭的破壞，產量大減。民國38年國民政府撤退來台，大批的移民使得糧食更為短缺。為了獎勵稻米生產，安定民心，政府實施土地改革，讓佃農擁有自己的農地以提高生產意願；推廣新品種、新技術與保價收購，鼓勵耕耘，以達糧食自給的目標。

民國54年之前，農作物生產是以增加產量為主。重點作物包括稻米、甘蔗、香蕉、鳳梨，從一開始的砂糖、稻米外銷，到後來香蕉青果、鳳梨罐頭亦能出口，賺取外匯。並持續開發石門水庫、白河水庫等水利設施，改善耕作環境。此時期的經濟政策為「以農業培養工業」。

隨著經濟大幅成長、農業技術的開發，蔬

甘蔗在台灣是僅次於稻米的第二大農作物

菜類洋菇、蘆筍罐頭亦能出口，其他農作物的產量也達到高峰。生活水準改善的結果，造成蔬菜、水果的消費量增加，稻米、甘蔗、甘藷、大豆、落花生、小麥、高粱、木薯、亞麻、黃麻、棉花等栽培面積和產量則逐年減少。近年來因為防疫檢疫和運銷保鮮技術的進

魚池鄉的大葉種阿薩姆茶聞名遐邇

步，許多花卉（如蝴蝶蘭、文心蘭）、蔬菜（如毛豆）、青果（柑橘、荔枝、芒果、葡萄、木瓜等）也成功外銷，但經濟作物的栽培是一年少於一年。

由於農村人口逐漸老化，年輕一代不願務農，工資成本提高，又因為開放進口以及大環境的轉變，國內經濟作物的規模、產量、品質和價格都很難和機械化耕作、大量傾銷的國外原料產品競爭，加上產業政策的改變，綜合因素讓台灣不可能再回頭發展經濟作物，就連稻米也早已生產過剩。79萬公頃耕地，休耕（長期和短期）面積已超過27萬公頃，多出來的農田除了廢耕、轉作其他作物、種植綠肥作物之外，也逐漸被一座座的建築物、工業區和道路取代。

目前除了少數經濟作物尚有較大栽培面積之外（例如茶葉），大多只有零星種植，有些甚至已被淘汰而消失，相關產業也已停產或失傳。幸好農學院校、植物園或農業研究改良單位多少設有專區，標本式栽培、保存與展示一些經濟作物，讓人偶爾回憶並感念起它們對人類經濟生活的貢獻。

菸農忙著採收菸葉的景象，隨著菸酒公司不再契作收購，現在已經不容易見到了。

經濟作物的類別

植物體中含有某些特殊成分，經過進一步的加工、調製能為人使用者，稱為「特用作物」，又稱為「工藝作物」或「工業作物」。因具有特殊經濟價值，又稱為「經濟作物」。範圍廣泛，依其用途區分如後：

油料作物

植物體含有大量的油脂，搾取、提煉或調製後，可供食用、工業用或醫療用途的作物。

植物的油脂大多存在於種子的胚乳，脂肪中含有相當多的能量。種子成熟時，含水量逐漸減低，脂肪含量日益增加。當種子吸水發芽時，種子內部的酵素會促使脂肪分解釋放能量以供幼苗生長所需。油料作物的種子或果實因為含有較多的油脂，可採收供搾油使用，主要的取製方法如壓搾法（如橄欖油、胡麻油）、浸出法、水代法（如小磨麻油）和水浸法。搾油之後的餅粕可當飼料、肥料或工業

大豆是產量最大的油料作物之一

前幾年，台灣曾積極推廣種植向日葵以提煉生質燃料。

原料。胡麻是中國最早的油料作物，早期移民栽培極多。

　　食用油脂分為動物性油脂和植物性油脂，動物性油脂通常含有飽和脂肪酸，其脂肪多為固體的脂類；植物性油脂通常為不飽和脂肪酸，如油酸、亞油酸、亞麻酸，並含有維他命A、D、E等成分，為動物性油脂所無法取代。在文明社會，植物性食用油普遍較動物性油脂更受歡迎。

　　在工業用途上，近年來國際原油價格高漲，政府曾鼓勵南部地區的休耕農田改種大豆、油菜、向日葵等油料作物，收穫後當作汽車生質柴油之原料，也被稱為「能源作物」。但因為製油成本高，種子產量低，榨油的廠商收購意願不高，導致此項政策推廣不易。台灣的植物油目前以進口成品或原料為主。

糖料作物

　　糖料作物是指植物體內含有糖分，可製成砂糖、糖漿（糖蜜）的作物。

　　糖是人體生理所必須的營養物質，其成分主要是蔗糖、葡萄糖和果糖。糖可用於烹調食物改變味覺，或浸漬或熬煮以貯存食物，或應用於食品工業。在無氧的狀態下，糖可經由酵母菌分解產生酒精，因此有些糖料植物除了製糖，亦可釀酒。製糖後的副產物可應用於肥料、飼料、纖維料再利用。

　　綠色植物行光合作用產生醣類，經由運輸作用儲存於根部（如甜菜）、莖部（如甘蔗、甜高粱、糖楓）、葉片（如甜菊）、花穗（如糖椰子）、果實（如甜瓜、玉米）。至於一般的蟲媒花植物開花時也會分泌蜜汁吸引昆蟲、蝙蝠或其他動物幫助授粉，但因為蜜汁收集、提煉或保存不易，甚少栽培應用。

甜菜的根部肥大似蘿蔔，富含蔗糖，是溫帶國家最重要的製糖原料。

　　甘蔗是最早栽培的糖料作物，盛產於熱帶與亞熱帶地區。在未引進砂糖前，中國人以大麥等穀類製成麥芽糖。早期在歐洲，砂糖是昂貴的奢侈品（因為必須從東方進口），一般百姓只能用蜂蜜代替砂糖，直到新大陸被發現並種植大量的甘蔗（其勞力主要依靠千百萬計的黑奴），砂糖才成為歐洲人日常必需品。

　　甜菜是另一種可濃縮成結晶糖的作物，主產於溫帶地區，大約在200年前開始用來製造砂糖。台灣也曾經試種甜菜，但因為僅適合冬季種植，製糖的設備和方法也和甘蔗不同，因此並未推廣栽培。其他糖料作物尚包括可可椰子、糖椰子、甜高粱、玉米、甜菊、甜瓜、大麥等，因為產量較少，應用情形不普遍。糖

合作用產生葡萄糖等分子，一部分供呼吸作用所需，一部分用來合成醣類、有機酸及其他各種物質，一部分以澱粉的形式儲存於根部、塊莖、種子等器官細胞中。澱粉粒不溶於水且比重大於水，這些原料經過濕磨讓細胞破裂，以沉澱或離心方式與水分離，經粉碎、篩分、精製、乾燥等過程可提取澱粉。澱粉可直接食用，或作為蛋糕、餅乾等食品的配料，或當作甜味劑、增稠劑等食品添加物，或製作果糖、葡萄糖、飴糖漿，或當作紡織、造紙之添加料。

稻米、小麥、玉米等禾穀類富含澱粉，種

馬鈴薯可製成太白粉，因花姿美麗，有些溫帶國家還會將其當做觀賞植物。

甜高粱為高粱的變種，以製糖為主。

楓為加拿大、美東的特產，於晚冬或早春採收汁液，可蒸煮製成楓糖漿。台灣的糖料作物以甘蔗為主，曾經為我們賺取大量的外匯。

澱粉料作物

根、莖、果實等貯藏器官中含有大量澱粉，為澱粉工業或食品工業之原料，製造澱粉或糊精為目的之作物。

許多植物體內都含有澱粉。當植物行光

玉米不僅可以作為澱粉料，還可作為牧草與油料。

菸草是最重要的嗜好料作物，當哥倫布將菸草帶回歐洲後，香菸很快的受到大家的歡迎，連英國女王伊莉莎白一世也跟著抽菸，菸草稅也成為許多國家重要的稅收來源。在台灣，檳榔、菸草、荖葉都種得不少，咖啡和茶葉則是許多人喜好的飲料，這些產品常為人際互動不可缺少的社交品。

嗜好料作物有時也包括一些限用的管制品，例如大麻、罌粟可以入藥，屬於藥用作物，經醫師指示使用可以醫療、止痛或止咳，但非法超量使用則容易成癮，危害健康，成為

子成熟時含水量極低，晒乾後容易貯藏，遂成為人類三餐之主食，屬於「糧食類」，但若以生產澱粉為目的而栽培則屬於澱粉料作物。甘藷、馬鈴薯、木薯、芋頭、山藥等「根莖類」作物亦可磨碎製成澱粉。大豆、菜豆、綠豆等「豆菽類」若以磨粉為目的而栽培亦屬於澱粉料作物。玉米、甘藷、木薯磨粉後可再分解糖化成葡萄糖，或發酵後再製成酒精或生質酒精。由於進口的原料較便宜，台灣目前專供製粉的作物栽培並不多。

嗜好料作物

嗜好料作物也稱為「刺激料作物」。此類植物含有特殊成分和風味，經久使用容易成癮。

這些特殊成分如刺激性的植物鹼、精油或咖啡因，也不是日常三餐所必需，但因為能引起刺激、興奮、鎮靜或麻醉神經的作用，為一部分消費者所喜用，其經濟價值往往比食用作物更高。依其用法，可分為吸取、咀嚼、飲用三類。

大麻可製成麻醉藥，減低化療病人的痛苦，但屬於禁止種植的作物。

毒品，絕大多數國家都禁止種植或販售，台灣亦禁止。

綠肥及覆蓋作物

以直接「肥田」為目的而栽種，新鮮植物體翻埋入土腐爛後當作肥料、改善土質的都可稱為「綠肥作物」。另生長期間可「覆蓋」地面、防止雜草生長、減少表土沖刷與水分蒸散的作物稱為「覆蓋作物」。此類作物也有人稱為養地作物。

綠肥植物通常種子數量多而便宜，於稻田休耕期間播種，發芽後生長迅速，可避免雨水沖刷，兼顧水土保持，數大的花海可美化農

魯冰花又稱羽扇豆，為北部茶園推廣的綠肥作物。

紫雲英花姿與名字一樣柔美，根部與根瘤菌共生可固氮。

村景緻、淨化空氣，增進農村觀光產業。其組織柔軟多汁，含氮量高，耕翻入土後能迅速腐爛分解，釋出養分，增加土壤有機物，補充肥力，改善土質，減少化學肥料用量，有利後續作物生長利用。

近年來稻米生產過剩，政府獎勵水旱田轉作及休耕，符合資格者尚有獎勵金，所以休耕期間常種植綠肥作物。綠肥作物大多為一、二年生豆類草本，非豆類較少（例如大菜、油菜）。豆類的根部大多有根瘤，內有根瘤菌共生。根瘤菌能固定空氣中的游離氮素，作為豆類生長的養料；而豆類亦提供碳水化合物給根瘤菌，因此互相有益。豆科綠肥適合和禾穀類或其他作物輪作。有些豆類（苜蓿、紫雲英等）富含蛋白質等養分，為牲畜所喜食，自古以來就是牧草及飼用兼可的作物。油菜、三葉草、紫雲英開花時富含蜜液，為養蜂業重要

蜜源植物。

藥用與保健料作物

　　藥用與保健料作物係指根、莖、葉、花、果、皮、樹脂或乳汁、全株含有特殊有效成分，對健康有益，可提煉萃取多醣體、黃酮類等，具強壯、保健、治病、製藥、殺蟲等用途的植物。

　　雖然西方醫學發達，一般成藥的效果也更迅速，但有時難免伴隨副作用而令人疑懼，因此國人習慣以藥性溫和、副作用較少的傳統中藥來滋補養身、調理體質、預防疾病或輔助治療。目前藥用與保健作物已成為歐美極為熱門的新興作物，估計萃取製成的天然保健食品在美加地區每年有一百二十億美元

薑黃富含薑黃素，可當香料並入藥。

的市場，在歐洲則更多，並且有15%以上的市場年增率。

　　藥用植物的有效成分容易受到品種、產地土質、氣候、採收期、加工方法、貯藏環境的影響。先進國家對於藥用植物的資源調查、引種栽培、遺傳育種、組織培養、藥性成分研究、科學試驗和產品研發更是不遺餘力，如何讓傳統的中草藥科學化、國際化，避免因外觀或俗名相似而誤用、濫用，並設法保育稀有的藥用植物，實在是國人努力的目標。

　　廣義的藥用與保健植物尚包括民間流行的青草藥、藥膳食補、青草茶原料，以及驅蟲、除蟲植物等。種類非常多，需求量大，除了採自野外或進口，目前也有人工繁殖栽培。

纖維作物

　　人類的祖先利用強韌的藤蔓或纖維製造繩子、漁網，用石頭敲打樹皮當作衣物。古埃及人以紙莎造船、亞麻布包裹木乃伊。中國人植桑餵蠶，煮繭繅絲，紡成絲綢，是重要的外銷品，一般平民則著「麻布」衣，到了唐宋甚

絲瓜布可用來刷洗鍋碗瓢盆，環保又實用。

瓊麻纖維拉力強，在鹽水中耐蝕力亦強，為繩索、魚網的理想原料。

至更晚期才普遍用棉花織布。

　　纖維植物因富含纖維，可供紡織、編織、造紙、製繩、結網、掃刷、填充、籃籮、補強、結束、墊蓆、日用工藝品或工業原料，自古就和人類生活密切相關。

　　依其取用來源，概分為樹皮類（取自亞麻、黃麻、苧麻、大麻、構樹等雙子葉植物之樹皮）、葉片類（取自瓊麻、巴拿馬草、林投、桔梗蘭等單子葉植物的葉片）、假莖類（取自馬尼拉麻、香蕉、月桃等單子葉植物的假莖）、棉花類（取自棉籽的表皮纖維）、果實類（取自木棉、椰子殼、絲瓜絡）、葉鞘類（取自玉米鞘、竹鞘等）、草稈類（取自稻、麥、芒草、高粱、大甲草、燈心草、藺草等之草稈）、竹類（取自箭竹、孟宗竹、桂竹等之竹稈）、棕櫚類（取自棕櫚、山棕等之葉鞘）和蔓藤類（取自葡萄、葛藤、芒萁、海金沙、鞭藤、黃藤）等大類。通常樹皮纖維較柔軟，常用於紡織；葉片或葉鞘的纖維較粗硬，常用於編織或製繩。其原料經過搥打、泡水、脫膠、去雜質，再將纖維分散乾燥，即可用於加工編紡。

　　工業革命後，紡織機經過多次的改良，棉紗的產量大增，而且棉纖維具有吸濕、保暖、透氣、易染色等優點，加上棉花的栽培容易，收成也快，遂成為最重要的紡織工業原料。又由於化學纖維的發展，其他的麻、絲等纖維植物的消費量迅速降低。

　　廣義的植物纖維尚包括樹木纖維，可用於造紙，大多數的紙張原料是取自於森林木材。紙除了書寫，還可用來包裝、填充及裝飾。

香料及香花作物

　　植物體含特殊的揮發油成分，提煉後可作為香料使用之植物稱為香料及香花作物。

　　此類作物的根（例如培地茅）、葉（例如檸檬草、薄荷）、花（例如玫瑰、香水樹、桂花、梔子花、玉蘭花、茉莉花）中含有芳香成分或揮發性精油，經蒸餾、冷凝、壓榨、提煉或萃取後，可當天然香料直接使用，或單離或調和後當作化妝品、香水、茶葉、冰淇淋、肥皂、牙膏、香菸、噴霧劑、藥品、食品及其他工業品之香料。

　　天然香料只需極少的用量就能產生顯著的效果，往往在甲地生產而供銷他處使用，為國際間重要的商品。早在10世紀，阿拉伯人即開始用蒸餾法從花中提取精油，主要是玫瑰

黃玉蘭花瓣可提煉香精,是高級
香水、化妝品原料。

香料陸續發明,香水工業迅速發展,但是天然
香料因為自然、健康,仍然極受歡迎。

香料植物的經濟價值甚高,但台灣的香
料原料主要靠進口,一般公園、家庭零星栽培
的香花植物多限於美化環境之用,實有必要
研究開發,推廣利用。

染料作物

植物體內含有色素成分,耐久不褪色,可
提煉供染色的作物稱為染料作物。

植物體細胞內常含有色素,葉綠體中含
有葉綠素、類胡蘿蔔素可幫助吸光;花青素
讓花朵嬌豔以吸引昆蟲傳粉。可惜這些色素
大多對光線、溫度、氧氣、酸鹼度敏感,容易
分解、消失而褪色,實用價值不高。重要的植
物色素大多是構造複雜的化學物質,甚至必
須藉助媒染劑的作用才能顯色,成為染料。

大部分的植物色素以加熱法就可提取,
靛藍則須經過醱酵,紅花的黃色素可以清水

油。15世紀後,精油的提取技術更為進步,法
國的格拉斯 (靠近義大利、地中海一帶) 地
區開始生產植物精油和含酒精之香水,並逐
漸成為世界知名的香料生產區。19世紀合成

台北植物園展出的染料作物

橋頭糖廠植物染特展，左起：膠蟲、福木加墨水樹、福木、胭脂樹、墨水樹。

浸洗取得，紅色素須以鹼析再以酸置換，高溫會使色素分解。各種植物色素的性質往往不同，取用的部位、季節也會影響染出的色澤。

植物色素可應用食品、衣物、工藝（如作畫）、化妝、染髮等。應用於染布時，如果纖維和染料間缺乏親合力不易染著，尚須使用媒染劑（例如：明礬、石灰、皂礬）促進發色、固色或變色，使色彩更為豐富。

依呈現的色澤，紅色系染料常取自紅花、胭脂樹、茜草、紫草。黃色系染料可取自薑黃、紅花、栀子花、黃蘗、波羅蜜、蛋樹、福木、洋蔥、萬壽菊。藍色系染料可取自蓼藍、大青、馬藍。紫色系染料較少，可取自紫草、柚木。黑色系染料可取自墨水樹、山竹、牛心梨、腰果、五倍子。褐色系染料可取自薯榔、檳榔、相思樹、龍眼、荔枝、洋蔥（皮）、荷葉。

天然色素的來源包含礦物、植物和動物三大類，由於植物可大量栽培，取材較容易，所以應用最廣，據估計可供染料的作物超過3,000種，可取自葉、花、根、樹皮、果實、種子、樹脂。但由於製取時間長、染法繁複、顏色不夠鮮豔、成本高，自從100多年前化學染料發明之後，染料作物快速沒落，但由於植物染料低污染、健康、安全、自然等特點，近期又被重新肯定。

橡膠及樹脂料作物

植物的莖、葉、樹皮、果皮或種子內含有不揮發性或難揮發性之樹脂、黏液、漆液、乳汁及臘等，加工精煉後可作為橡膠、樹脂、漆、臘，為工業上不可或缺的資源。

胭脂樹可作棉、絹、羊毛、皮草、羽毛、陶瓷、奶油、藥膏、食品、化妝品之染料。

植物的乳汁為新陳代謝之衍生物，匯集於細胞或細胞間隙中。當植物體受傷，乳汁的分泌有助於傷口癒合，而人為的創傷則可連續採脂。富含乳膠、樹脂的植物以松科、杉科等針葉樹，及桑科、大戟科、漆樹科、夾竹桃科、蘿藦科、菊科、桃金孃科等闊葉樹為主，但其中具備產量高、品質好、栽培容易、採割方便，具商業利用價值者並不多。

依用途，可分為彈性橡膠料、黏著橡膠料、樹脂料三類。彈性橡膠料植物估計有3,000種，最重要的是巴西橡膠樹。天然橡膠是從巴西橡膠樹採集的天然膠乳經過凝固、乾燥等加工方法製成的彈性固狀物，早期曾用來擦拭鉛筆的字跡，故稱為橡皮擦。不同的石化原料也可以人工合成不同的合成橡膠，例如丁苯橡膠、異戊橡膠。目前合成橡膠的總產量已超過天然橡膠。

黏著橡膠料作物如漆樹、安南漆、山漆、

巴西橡膠樹是天然橡膠的主要來源

台東漆。樹脂料作物如楓香，可生產楓香脂（可入藥）；各種松樹的松脂經蒸餾可製得松節油（有機溶劑之原料）。其他樹脂料作物尚有乳香、安息香、沒藥、蘇合香等，台灣並無栽培。

人心果的乳汁可製作口香糖

洗滌料作物

　　果皮或根莖葉等含有皂素成分，可當作肥皂洗淨去污的植物。

　　當我們將水滴入油中，或油加入水中，油與水會自然分開無法混合，這種力量稱為界面張力。若一物質既能溶於水又能溶入油中（可吸附油脂），因而油與水的界面張力大幅降低或消失，再用水洗即可帶走油脂達到清潔的效果，此物質稱為界面活性劑。在肥皂發明之前，先民將草木燒成灰（鹼），混合動物的油脂共煮，具有肥皂的功能，是為天然的界面活性劑，不破壞生態。部分植物含有皂素，具有天然界面活性劑的功能，國人熟悉的如無患子、茶樹（茶粕）、黃豆（黃豆粉）。木鼈子和肥皂草的作用亦相同，只是並不普遍。

　　早期農家為了清洗衣物，去除油污，常於無患子落果期加以收集備用，使用前泡水搓揉，用來洗滌身體或刷洗衣物。只可惜無患子產量有限，使用不方便，被便宜的肥皂所取代，之後並陸續開發出五花八門的清潔劑、洗衣粉、洗髮精等，去污力強，但排放到河川之後很難被生物分解，嚴重影響水文生態。這一類不易被生物分解的「硬性清潔劑」之後被較容易分解的「軟性清潔劑」取代，但仍具有刺激性，不適合人體。隨後發明的含磷酸鹽清潔劑被發現會引起水質優養化，不含磷酸鹽的清潔劑又可能會致癌，壬基苯酚（NP）類的清潔劑則會影響內分泌，……。為了確保健康，維護生態環境，近年來又重新重視無毒害的天然界面活性劑。

　　界面活性劑往往容易包覆空氣形成薄膜，成為泡泡。雖然起泡作用與清潔作用沒有直接相關，但是消費者總認為泡泡愈多去污力愈強。去污力強的毒性通常也大，部分活性劑也會幫助溶解不溶於水的原料，若沖洗不夠乾淨反而容易殘留。有些還添加香精、色素和防腐劑，因此選用溫和、刺激性較弱、對人體健康或環境無毒害、生物分解度高的界面活性劑，十分重要。

香辛調味料類

　　植物體含有酸、甜、辣、鹹等味道或色

無患子果實富含皂素，可萃取皂乳使用。

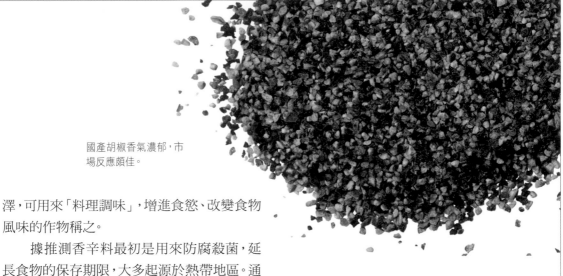

國產胡椒香氣濃郁，市場反應頗佳。

澤，可用來「料理調味」，增進食慾、改變食物風味的作物稱之。

　　據推測香辛料最初是用來防腐殺菌，延長食物的保存期限，大多起源於熱帶地區。通常此類佐料植物的營養價值不高，並非三餐所需，且因為含有特殊氣味用量不能太多，亦甚少單獨做菜食用，多半於料理食物時酌量添加，為用餐時間不可或缺的配角。由於每個地區生產的食材和香辛料不同，造就各國飲食料理的差異。

　　依取用部位，香辛調味料可分為根莖類（例如：甘草、薑、山葵）、樹皮類（例如肉桂）、葉片類（例如紫蘇、薄荷、蔥、月桂）、花類（例如丁香、番紅花）、果實或種子類（例如辣椒、胡椒、八角、茴香、花椒）等，除了當作食物料理之添加料，有些亦可做成香料、染料或入藥。

　　由於歐洲原產的香辛料作物種類很少，早期必須透過阿拉伯商人從東南亞、印度購買或交換（丁香、荳蔲或胡椒等），成本極高。為了擺脫阿拉伯商人的操控，追求更大的利潤，開拓新的香辛料來源遂成為歐洲人的目標之一，經由一連串的航海探險，最終促成了新大陸的發現。若稱香辛料作物為改變歷史的植物，實不為過。

土肉桂是台灣特有植物，葉片肉桂醛含量高，可代替桂皮使用。

名詞解釋

一年生植物annual plant

在一個年度內完成生活史，包括生長、開花、結果和死亡的植物。

子房ovary

雌蕊基部膨大的部位，發育成果實。

小穗spikelet

禾本科植物的花穗構造。由一至數朵小花組成，再由數小穗組成花序。

不定根adventitious root

不是從種子胚根長出來的根。

生質柴油bio-diesel

於柴油中加入一定比例之動植物油脂或廢食用油當作汽車燃料。若植物油的含量占1%者稱為B1，占20%者稱為B20。成本偏高，產量較低。

生質酒精bio-ethanol

利用植物所含的糖料、澱粉或廢棄物經發酵生產酒精，混合於汽油中，可當作汽車燃料。又稱酒精汽油。

休眠dormancy

植物體或其種子、球根或芽，因環境條件不適合（如高溫、低溫、乾燥）而暫時停止生長的一種狀態。

休耕fallow

讓農田休息一段時期而不栽培作物的栽培制度，可使農田地力恢復，並防止病蟲害蔓延。

光合作用photosynthesis

綠色植物吸收太陽能，將二氧化碳和水同化為有機物質以貯存能量，並釋放氧氣的過程。

多年生植物perennial plant

植物的生命周期超過二年以上，需要多年的生長才成熟。

托葉stipule

位於葉柄基部和莖相連處的葉狀小突起。

羽狀複葉pinnately compound leaf

小葉排列於葉軸兩側，成羽狀的複葉。

肉穗花序spadix

又稱「佛焰花序」。花軸肉質肥厚，下部的小花為雌性，上部的小花為雄性，花序外有一大型的佛焰苞。

自交作物self-pollinated crops

在自然環境下，天然雜交率在0-5%間的作物。

自花授粉self-pollination

甲花（甲株）之花粉傳播至甲花（甲株）之柱頭上而能完成受精作用，此類作物也稱為「自交作物」。

扦插cutting

將繁殖部位自母株切離，長根後發育成完整

個體，可分為莖插、葉插、根插。

走莖runner
一種特化的地上莖，具有長的節間，先端可長出新植株。

乳汁latex
乳汁管所分泌的混濁液體，一般呈白色或黃色，其化學成分為樹脂、生物鹼、鞣質、有機酸、醣類、蛋白質等。

兩性花perfect flower
同時具有雄蕊和雌蕊的花。

卷鬚tendril
由莖或葉變態而成的鬚狀物，用以卷附他物使莖向上生長。

受精fertilization
精子與卵結合形成一個細胞的過程，可發育為新的個體。

固氮作用nitrogen fixation
將空氣中的氮氣同化成為氮化合物的過程，一般是指微生物體內固氮的作用。

抽穗earing
稻、麥等禾穀類作物抽出花穗，露出於葉子之外。

果實fruit
被子植物特有的器官，由成熟子房或花萼、花托共同發育而成，內含種子。

直根系tap root system
由種子發芽的初生根發育生成的粗壯主根，會生出支根構成根系。

肥料fertilizer
供植物生長所需的營養物質，一般指經化學手續製成的肥料。可以是有機或無機的，化學合成或天然形成的。

花flower
被子植物特有的生殖器官，由花萼、花冠、雄蕊及雌蕊組成。

花托receptacle
花的一部分，為著生花萼、花冠、雄蕊、雌蕊的膨大部位。

花芽flower bud
能發育形成花或花序的芽。花芽的外形通常較葉芽飽滿結實。

花冠corolla
花瓣的總稱，為花被的內層，常具有鮮豔的顏色。

花柱style、stylus
雌蕊的一部分，位於柱頭和子房之間。

花粉pollen
種子植物的特有結構，產於花藥中，內含精細胞。

花被perianth
花的外輪部分，包括花萼和花冠，具有保護

及吸引昆蟲的功能。

花絲filament
雄蕊中絲狀的部分,頂端有花藥著生。

花萼calyx
萼片的合稱,位在花的最外面,具有保護作用。

花瓣petal
位於花萼內側,含花青素而呈各種色彩,為葉片變態而成。

花藥anther
位於雄蕊頂部的囊狀構造,內含大量花粉。

品種variety
變種,為亞種之下的一個分類層級。品種的特徵可以藉由繁殖而保存延續。

施肥fertilization
將肥料施予植物,提供植物養分或提高土壤肥力的栽培技術。

柱頭stigma
雌蕊的最上部,可接受花粉粒之處。

科family
生物分類系統中,位在目之下屬之上的分類層次。

苞片bract
在花或花序發生部位的葉腋所長出的變形葉片。

修剪pruning
利用工具自植體上剪去枝條、頂梢、根部,以控制營養生長,有利開花結果、增加移植存活率、刺激新稍生長、日照通風良好,減少病蟲害。

核果drupe、stone fruit
外果皮為一薄層,中果皮多肉質,內果皮厚而堅實成為硬核,核內含一枚種子。

根莖rhizomes
地下橫生的莖肥大成粗條狀。有節,節上有芽和根。

脂肪fat
植物貯藏脂質的主要形式,為潛存能量的主要來源,脂肪分解時可產生能量。

草本herbaceous
缺乏木質化組織的植物,根及莖均無次生增厚現象。

乾果dry fruit
果實成熟時,果皮由死亡的厚壁組織等構成,果皮已脫水乾燥。依成熟時開裂與否,可分為裂果和閉果。

堅果nut
由單心皮或合生心皮的子房發育而成,果皮堅硬,果實常有總苞或殼斗包圍。

堆肥compost
將動植物之殘體在一定的條件下堆積,經分解後所得產物,可當作肥料。

培土ridging
作物成長期間，將植株旁的土壤弄鬆，然後集聚覆蓋於根部旁側，使土面高於四周。

球莖corms
莖幹肥大成球形，存活於地下，可貯藏水分和養分，葉鞘乾燥成膜狀附著於外層，具保護作用。球莖上有節，節上有芽。

異交作物cross-pollinated crops
雌雄同花或異花，雌雄異株，自交不親合性或自交不稔，天然雜交率在50-100%的作物。

異花授粉cross-pollination
甲花（甲株）之花粉傳播至乙花（乙株）之柱頭上而能完成受精作用。此類作物又稱為異交作物。

移植transplant
將植物由甲地移栽到乙地，可以是暫時性的，也可以是固定的。

莢果pod
裂果的一種，由單心皮的上位子房發育而成，成熟時裂成兩片。

連作continuous cropping
在同一塊土地上，甲作物收成後繼續種植甲作物。

喬木tree
具有明顯主幹的直立性木本植物，高度多在5公尺以上。

寒害chilling injury
寒流或低溫造成植物之形態或生理代謝異常、生長延緩甚致死亡的現象。

掌狀複葉palmately compound leaf
總葉柄頂端以放射狀著生多數有柄或無柄的小葉，所構成的複葉。

短日植物short-day plant
必須經歷一段時期的短日（長夜）才能開花的植物，多半分布於低緯度熱帶地區。

間作intercropping
在一塊土地上，甲作物和乙作物分行或分帶相間，通常是高和矮、生長期長和生長期短的作物分行種植。

間拔pulls out
將生長過密的幼苗加以篩選，留下強壯的，瘦弱的或擁擠的予以拔除，以增大生長空間。

雄花staminate flower
俗稱為公花。具有雄蕊，缺乏雌蕊或雌蕊發育退化。屬於不完全花。

圓錐花序panicle
由許多總狀花序合生在一個花軸上而形成的花序。

塊根tuberous
根部肥大成為貯藏器官，無節亦無芽，並可用來繁殖。

塊莖tubers
地下莖肥大成為貯藏器官，但外側沒有保護作用之葉鞘皮。莖上有節，節上有芽。

嫁接grafting
利用植物莖芽當接穗，移接於砧木，使之癒合成新植株的技術，為果樹最主要的繁殖法。

葉序phyllotaxy
葉片在莖上的排列方式。可分為對生、互生、輪生和叢生。

葉鞘leaf sheath
葉柄或葉基呈鞘狀包圍於莖節上的構造，為禾本科、茄科和繖形花科的特徵之一。

葉耳auricle
禾本科植物葉片的構造，位於葉鞘和葉身關節處的突出物，耳狀。

柔荑花序catkin
與穗狀花序相似，但花序軸柔軟下垂，雌雄花分別生長在不同花序上。

實生苗seedling
由種子萌發而長成的苗木，根系較發達、生長勢強、樹齡長，但結果期較遲。

精油essential oil
植物中具有某種氣味、香味和其他性質，加熱時能完全蒸發的油性化合物。

綠肥green manure
將新鮮植物體翻埋於泥土中任憑腐爛分解，以增加土壤有機質的作物。

聚合果aggregate fruit
由一朵花多數子房發育而成的果實。

聚繖花序cyme
最簡單的型式為花序上有三朵花，主軸上的小花先開，側生小花再開。

雌花pistillate flower
俗稱為母花。一花朵中具有雌蕊的構造，可接受花粉授精而發育成果實，但缺乏雄蕊或雄蕊退化。屬於不完全花。

雌雄同株gynomonoecy
同一株植物上分別有雌花和雄花，但是分開。

雌雄同株異花monoecism
同一植株上，同時著生雄花和雌花兩種單性花。

雌雄異株dioecious
雌花長在「雌株」，雄花長在「雄株」。

雌蕊pistil
被子植物產生種子的花部構造，分為子房、花柱和柱頭。

蒴果capsule
裂果的一種，開裂方式分為孔裂、蓋裂、室背開裂、室間開裂。

菁莢果follicle
裂果的一種，果實開裂時只有一條裂縫。

漿果berry
由單心皮或合生心皮的子房發育而成，外果皮為一薄層表皮，中果皮及內果皮肉質多漿，含一至數粒種子。

瘦果achene、akene
閉果的一種，由單一心皮的子房發育而成，果實內僅一枚種子，成熟時種皮與果皮易分開。

複葉compound leaf
具有2片以上小葉（leaflet）的葉片。

輪作crop rotation
在同一塊土地上，甲作物收成後改種乙作物。

穎果caryopsis、grain
閉果的一種，內含一粒種子，成熟時種皮與果皮緊密相連。

頭狀花序head
由許多無柄小花共生於一頭狀或盤狀的花托上，外圍的小花先開。

壓條layering、layerage
用來繁殖的枝條仍與母體相連，以各種方式誘長不定根，再切離母體成為獨立植株。

穗狀花序spike
長的花軸上著生的小花無柄，花由基部往上開放。

繖形花序umbel
各小花的花柄等長，由花梗上同一點長出，外圍小花先開放。

繖房花序corymb
小花由下而上開放，花梗由下而上漸短，小花水平高度相同的一種花序。

鱗莖bulbs
地下的葉片或葉鞘肥厚，成鱗片狀構造重疊附著於短縮莖盤上，具有貯藏養分的功能。

快速檢索表

　　為方便讀者快速查找，本單元特依據植物的葉片在莖上的排列順序（以下稱為葉序）與葉子的形狀（以下稱為葉形），來快速分類本書收錄的179種經濟作物。

　　若已知植物為複葉，查詢時以單片小葉的葉形為準；若為單葉，則直接以整片葉子的形狀為依據。

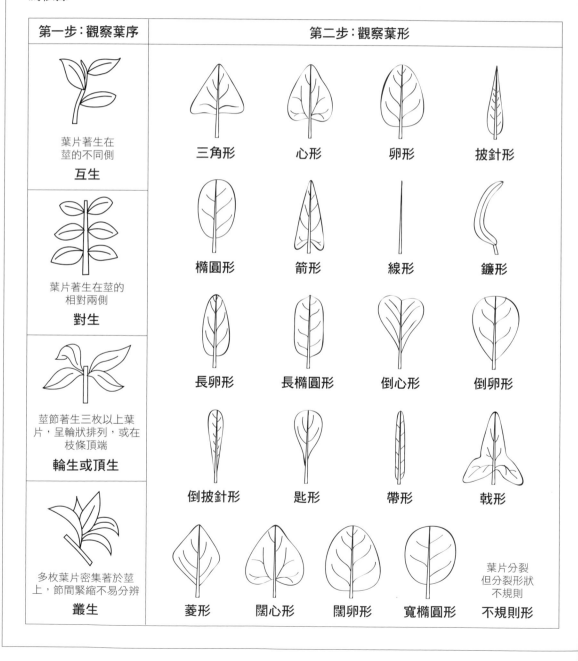

第一步：觀察葉序	第二步：觀察葉形			
葉片著生在莖的不同側　**互生**	三角形	心形	卵形	披針形
葉片著生在莖的相對兩側　**對生**	橢圓形	箭形	線形	鐮形
莖節著生三枚以上葉片，呈輪狀排列，或在枝條頂端　**輪生或頂生**	長卵形	長橢圓形	倒心形	倒卵形
	倒披針形	匙形	帶形	戟形
多枚葉片密集著生於莖上，節間緊縮不易分辨　**叢生**	菱形	闊心形	闊卵形	寬橢圓形　葉片分裂但分裂形狀不規則　不規則形

互生

三角形 ——————

慈姑 **P.61**

心形 ——————

甘藷 **P.64**

荖藤 **P.97**

葡萄 **P.109**

埃及三葉草 **P.118**

紅花三葉草 **P.119**

白花三葉草 **P.120**

山藥 **P.127**

絲瓜 **P.157**

昂天蓮 **P.161**

梧桐 **P.168**

亞洲棉 **P.170**

海島棉 **P.171**

草棉 **P.172**

鐘麻 **P.173**

臙脂樹 **P.215**

卵形 ——————

山葵 **P.232**

油桐 **P.45**

黃麻 **P.166**

桑樹 **P.178**

卵形

小葉桑 **P.178**

胡椒 **P.240**

披針形

油橄欖 **P.49**

板栗 **P.69**

葛鬱金 **P.70**

紫錐花 **P.124**

芒果 **P.211**

長橢圓形

可可 **P.96**

罌粟 **P.98**

黃花菸草 **P.106**

菸草 **P.107**

阿薩姆茶 **P.108**

茶 **P.108**

太陽麻 **P.113**

紫花苜蓿 **P.115**

田菁 **P.116**

苕子 **P.121**

除蟲菊 **P.122**

乳薊 **P.125**

木棉 **P.162**

吉貝 **P.164**

香蕉 **P.179**

馬尼拉麻 **P.180**

香水樹 **P.187**

鷹爪花 **P.188**

夜合花 **P.196**

玉蘭花 **P.197**

黃玉蘭 **P.198**

含笑花 **P.199**

沉香 **P.207**

紅花 **P.212**

裏白葉薯榔 **P.217**

蓼藍 **P.220**

龍眼 **P.222**

荔枝 **P.223**

倒心形 ──────── 倒卵形 ──────── 倒披針形 ────────

印度橡膠樹 **P.227**

墨水樹 **P.218**

樹蘭 **P.200**

烏心石 **P.209**

匙形 ──────── 帶狀 ──────── 戟形 ────────

人心果 **P.228**

油菜 **P.111**

玉米 **P.88**

蕎麥 **P.85**

菱形 ──────── 圓形 ────────

烏臼 **P.44**

蓖麻 **P.43**

木薯 **P.65**

蓮 **P.72**

圓形

大麻 **P.92**

黃花羽扇豆 **P.114**

芡 **P.136**

蓮草 **P.148**

寬卵形

陸地棉 **P.174**

洛神葵 **P.176**

向日葵 **P.40**

構樹 **P.177**

寬橢圓形

苧麻 **P.185**

落葵 **P.214**

錫蘭肉桂 **P.238**

台灣藜 **P.62**

線形

薑黃 **P.145**

油棕 **P.38**

砂糖椰子 **P.54**

扇棕櫚 **P.55**

食用美人蕉 **P.57**

甘蔗 **P.58**

黑小麥 **P.74**

燕麥 **P.75**

薏苡 **P.76**

龍爪稷 **P.77**

稻子 **P.78**

黍 **P.80**

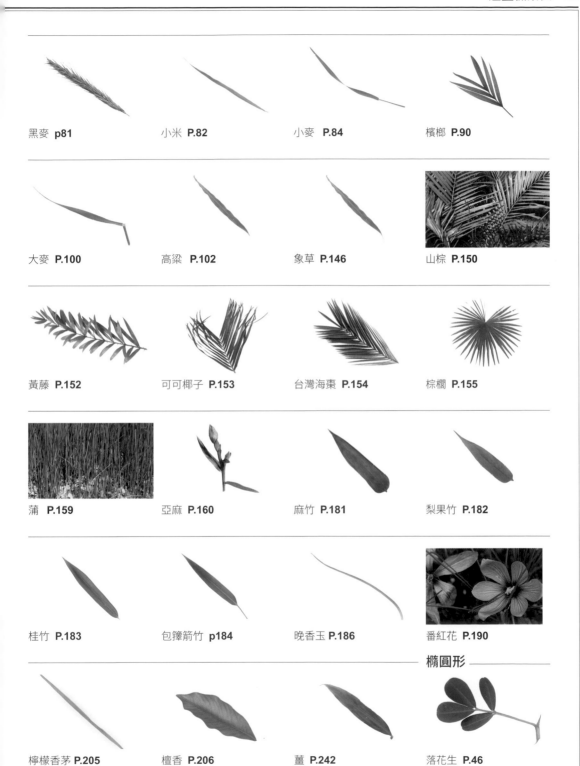

黑麥　**p81**　　　小米　**P.82**　　　小麥　**P.84**　　　檳榔　**P.90**

大麥　**P.100**　　高粱　**P.102**　　象草　**P.146**　　山棕　**P.150**

黃藤　**P.152**　　可可椰子　**P.153**　　台灣海棗　**P.154**　　棕櫚　**P.155**

蒲　**P.159**　　亞麻　**P.160**　　麻竹　**P.181**　　梨果竹　**P.182**

桂竹　**P.183**　　包籜箭竹　**p184**　　晚香玉　**P.186**　　番紅花　**P.190**

橢圓形

檸檬香茅　**P.205**　　檀香　**P.206**　　薑　**P.242**　　落花生　**P.46**

橢圓形

大豆 **P.48**

細葉山茶 **P.51**

油茶 **P.51**

甜菜 **P.52**

豌豆 **P.66**

蠶豆 **P.68**

波羅蜜 **P.71**

馬鈴薯 **P.86**

紫雲英 **P.112**

菊花 **P.123**

絞股藍 **P.126**

巴豆 **P.128**

樹豆 **P.129**

闊葉大豆 **P.130**

決明 **P.132**

樟樹 **P.194**

桂花 **P.208**

蘭嶼烏心石 **P.209**

印度紫檀 **P.219**

無患子 **P.224**

──────── 闊心形 ────────

巴西橡膠樹 **P.226**　　土肉桂 **P.236**　　辣椒 **P.243**　　麻瘋樹 **P.42**

──── 闊卵形 ────　　──── 鐮形 ────　　──── 不規則 ────

啤酒花 **P.94**　　皺桐 **P.41**　　白千層 **P.201**　　芍藥 **P.138**

牡丹 **P.140**　　日本當歸 **P.143**　　明日葉 **P.144**　　芫荽 **P.241**

對生

心形 ────　　卵形 ────　　披針形 ────

香苦草 **P.134**　　茉莉花 **P.203**　　紫蘇 **P.235**　　秀英花 **p202**

長卵形 ────　　長橢圓形 ────

仙草 **P.135**　　胡麻 **P.50**　　咖啡 **P.104**　　小油菊 **P.110**

長披圖形

薰衣草 **P.192**

香茅草 **P.204**

菲島福木 **P.216**

梔子花 **P.221**

倒披針形　　　　線　形　　　　橢圓形

甜菊 **P.56**

迷迭香 **P.193**

橄樹 **P.142**

馬藍 **P.210**

台灣馬藍 **P.210**

薄荷 **P.233**

羅勒 **P.234**

叢生

箭形　　　　　　線形

甜高粱 **P.60**

瓊麻 **P.147**

鳳梨 **P.156**

巴拿馬草 **P.158**

蔥 **P.229**

分蔥 **P.230**

大蒜 **P.231**

如何使用本書

本書為《台灣經濟作物圖鑑》，收錄台灣社會相關的經濟作物共179種。總論部分解說經濟作物在台灣的發展簡史、分類用途與相關中英名詞解釋。個論部分呈現每種作物的栽種歷史、辨識特徵、種植現況中英文別名等重要資訊。以下介紹本書內頁呈現方式：

① 本種作物的主要經濟用途
② 本種作物的科名
③ 本種作物的拉丁學名
④ 本種作物的產季
⑤ 本種作物的花季
⑥ 本種作物的中文名稱
⑦ 本種作物的簡史與背景知識

⑧ 本種作物的物種描述
⑨ 本種作物的主要與其他用途
⑩ 現今的栽種狀況
⑪ 中文別名
⑫ 英文名
⑬ 特有種標示

210・染料

| 爵床科 | *Strobilanthes cusia* (Ness) Kuntze | 產期 6～9 月 | 花期 8～10 月 |

馬藍

馬藍原產於印度、中南半島、華南、日本九州等地，台灣北部、中部低海拔森林中也有分布，性喜陰涼潮濕的環境，可用扦插繁殖，並連續生產4～5年。為藍染的主要原料，早期曾大量栽培，尤以台北近郊最多，為一百多年前台灣第三大出口產業，當時的藍靛與大稻埕即是藍靛染料與染的的集散地，靛藍的船貨量僅次於米與煤，每年平均輸出約二萬一千擔，價值約十五萬銀圓。泉州、福州、溫州、寧波、天津的商人甚至把苧麻等布料送到台灣染色，然後再運回大陸銷售，或交換棉布、鐵器、藥品等物資。

馬藍是目前台灣最常見的藍染植物，但應用情形也不多。將葉子採下泡入水中，再投入石灰攪拌，沉澱的「藍泥」就可作為染料。再加上葡萄糖或酒完成「建藍」，即可量染布料。後來日本發明先加熱再醱酵的方法，所得的靛藍可達78%，產量較高。現今陽明山、南港、文山、三峽一帶仍有少量栽培，通常於端午節、中秋節前後各採收一次。

台灣馬藍（*Strobilanthes formosanus* Moore）亦可作藍靛原料，主要分布於中北部半遮蔭的山區林緣，為台灣特有種。兩者主要差別是馬藍葉片光滑無毛，花無梗；台灣馬藍葉片兩面有毛，花梗極長。

特徵 多年生草本，高30～100公分。莖節基部明顯膨大，多呈方形，分枝不多，幼枝被褐色短柔毛。單葉，對生，長7～20公分，葉緣鋸齒狀。花無梗，對生而排成穗狀，花冠筒狀、淡紫色。蒴果，光滑無毛，種子4粒。

用途 染料（染布、繪畫原料）
種植 中北部低海拔山區闊葉林內野生，北部有零星栽培。
別名 山藍、山菁、南板藍根、大菁。
英文名 rum、assam indigo、common conehead。

三峽迄今每年都舉辦藍染節活動，活動現場也便會有馬藍。

馬藍

台灣馬藍

特有種

花無梗

花筒狀、虹彎曲的喇叭

莖

台灣馬藍的葉子有毛

| 棕櫚科 | *Elaeis guineensis* Jacq. | 產期 5 ～ 11 月為主 | 台灣的開花期不固定，冬至夏季為主 |

油棕

　　油棕原產於熱帶西非。每棵每年約可生產12個果穗，每個果穗有200～3000顆果粒，重達5～23公斤，每公頃產油4～6公噸，大約是大豆的10倍，落花生的5～6倍，素有「世界油王」的美稱。根據2018年美國農業部統計，是世界上產量最大的油料作物。

　　採收後的果穗應於24小時內送到工廠加工取油。果肉可搾取棕櫚油（palm oil），加工精製成食用油、人造奶油。在工業上，棕櫚油可以讓鎔化的錫很均勻的覆蓋在鋼板表面，達到防鏽的目的。或做成肥皂、潤滑油、化妝品。種子可提取棕櫚仁油（palm kernel oil），製成烹調油、人造奶油，或當作餅乾、糖果之配料。

　　棕櫚油不含膽固醇，含有較高的飽和脂肪酸，棕櫚仁油的飽和脂肪酸含量更高。飽和脂肪酸較高者不易氧化，可經久保存，不易分解酸敗，且價格較低廉，因此為餐飲業和食品工業所青睞，適用於耐貯性食品如糕餅、速食麵等，為台灣進口量第一名之食用油。搾油後的油粕、果渣可作飼料、肥料。

　　油棕最初於日治時代引進台灣，但受限於氣候環境等因素，未能經濟栽培，僅學校、公園零星栽培供人觀賞。

　　印尼與馬來西亞是世界最大的油棕產地。棕櫚油業是印尼主要的外匯來源之一，貢獻了將近5%的GDP。為了快速取得土地，很多企業是以「火耕」方式清園，不但破壞雨林、加速溫室氣體排放，也往往造成嚴重的霾害。

柱頭宿存

中果皮纖維質且富含油分。

內果皮堅硬

種子通常1粒，種仁富含油脂。

外果皮橙紅至黑褐色

果穗著生於葉腋

特徵 多年生喬木，莖單幹，直立不分枝，高可達10公尺。羽狀複葉長3～6公尺，小葉長40～100公分，葉柄基部的小葉呈刺狀，葉柄基部不脫落。佛燄花序，雌雄同株異序。核果，長約4公分，種子1粒為主。

用途 油料

現況 各地零星種植

別名 油椰子、油棕櫚

英文名 oil palm、african oil palm

雌花柱頭3裂，外側有一長角狀的硬質苞片。

油棕的果實，長約4公分。

雄、雌花序均開於葉柄基部，此為雄花序。

台灣的油棕，主要當作公園觀賞樹。

未成熟的黝黑果序

菊科	*Helianthus annuus* L.	產期 5 ～ 11 月為主	台灣的開花期不固定，冬至夏季為主

向日葵

　　向日葵原產於北美洲，由於印加人崇拜太陽神，象徵太陽的向日葵紋飾經常出現在雕刻上。傳入歐洲後，當時的人見到向日葵居然會隨著太陽轉動，都驚愕的說它是「上帝創造的神花」。向日葵會隨著太陽轉動是因為花莖頂梢含有植物生長素，陽光照射時，生長素移聚到花盤背面（背光處），促進背面的細胞快速伸長而使花盤向陽光彎曲，呈現向日性。如果花朵受精發育成果實，花盤變重，向日性就停止了。向日葵為陽性植物，陽光不足不易結實。

　　依其用途，可分為油用、食用、觀賞用，國際間以搾油用為主，早期雲林以南地區亦有栽培。食用型向日葵的種子較大，含油率較低，可當作飼料、葵瓜子、孵成蔬菜苗。台灣的向日葵以切花用途為主，亦應用於花壇、景觀、綠肥。前幾年台灣曾推廣用向日葵來提煉生質燃料，但因為成本高產量低，最後未獲成功。

特徵　一年生草本，全株有細毛。高1～2公尺，有或無分枝。單葉，互生或對生，略呈心形，葉緣鋸齒狀。頭狀花序呈盤狀，單生於莖或分枝頂梢，直徑可達30公分。瘦果，黑色或有白色條紋，多數。

用途　油料

現況　台東、彰化、嘉義、雲林、台南較多。

別名　日頭花、太陽花、葵花

英文名　sunflower、common garden sunflower

向日葵的頭狀
花序呈花盤狀

不同品種的向日
葵果實

向日葵可以當作景觀綠肥作物，吸引觀光客。

向日葵種子搾製的葵花油

葉略成心型，
葉緣鋸齒狀。

大戟科	*Aleurites montana* E. H. Wilson	產期 10～12 月	花期3～5月

皺桐

　　皺桐是油桐樹的一種，原產於福建、兩廣及浙江南部海拔1300公尺以下疏林中，也稱為廣東油桐。由於果皮具皺紋，俗稱為皺桐，經濟壽命較三年桐長，又稱為千年桐。

　　為重要的經濟造林植物，種子可搾油，稱為桐油，為製作肥皂、印刷油墨、紙傘的良好材料，亦為木製船舶的防水油漆原料，可延緩木材泡水腐爛。果殼可當薪材或製成活性碳，木材輕軟，可供造紙、製箱櫃、木屐、火材棒。

　　近年來鋼鐵船取代了木船，油漆也取代了桐油，皺桐樹已無用武之地，但其雪白的花朵反而成為山區花季的主角。播種繁殖，植株生長快速，春天開花、盛夏觀葉、秋天葉黃、冬季落葉，四季均有不同風情，為公園、庭園、工廠、校園的優良觀賞樹。

葉全緣或深裂

葉基腺體有柄，
會分秘蜜液。

特徵　落葉喬木，高8～10公尺，枝條常輪生。單葉，互生，具長柄，3～5深裂或全緣。雌雄同株異花，5瓣，白色，花心帶紅暈，雄蕊8～10枚，雌蕊柱頭3裂並分叉。核果，具3～4淺溝，及多數皺紋。種子3粒。

用途　油料

現況　全島海拔100～1500公尺山麓栽培或自生

英文名　wood oil tree、mu～oil tree、south china wood oil tree

成熟乾裂的果殼與種子

皺桐開花，宛如五月下雪。

果面多皺

全緣

大戟科	*Jatropha curcas* L.	產期 10 ～ 12 月	花期 7 ～ 10 月

麻瘋樹

麻瘋樹是因為萃取物「麻瘋酮」可用來治療麻瘋病而得名。原產於加勒比海一帶，種子的含油率可達40%，經過加工，可作為工業油或潤滑油，或點燈、製肥皂、塗料。

由於石油逐漸耗竭，國際間尋找替代能源。「生質柴油」是以動植物油經過加工處理所製成的燃油，每個國家生產生質柴油的原料不同：美國以大豆、玉米和動物脂肪為主。印尼、馬來西亞是當地特產的油棕。印度推廣的是麻瘋樹。台灣的耕地有限，以廢食用油為主。

嘉義大學研究教學的麻瘋樹

麻瘋樹在1645年由荷蘭人引進台灣，可入藥，但亦有毒。施肥、灌溉需求少，環境適應力強，管理容易，但栽培不普遍。1998年聯合國「生物多樣性公約」明列麻瘋樹油為極佳的柴油替代品，具有成本便宜、冷凝點低（可達－15℃，符合寒帶國家需求）、品質好、產量大等優點。與商用燃料混合後進行飛行測試，證實具有商用燃油之水準。非洲、印度、巴基斯坦、東南亞等許多國家都已獎勵栽植。十餘年前政府推動生質柴油，麻瘋樹亦被視為具潛力的作物。

通常是播種育苗繁殖，定植一年即可收成，當蒴果轉色、種子成熟即可採收，送到工廠加工處理。在印度，在英國石油公司的收購下，每畝田的收入高達180萬元新台幣。

特徵 多年生灌木或小喬木，全株含白色乳汁，高2～4公尺。單葉，互生，叢生於近枝端，長10～15公分。雌雄同株異花，聚繖花序，開於葉腋。花小，黃綠色，不甚明顯。蒴果，成熟時褐黑色，裂成3個2瓣的分果片。種子3粒，橢圓形，長1.5～2公分，黑色。

用途 油料

現況 台東為主，各地零星栽培。

別名 桐油樹、麻風樹、麻楓樹、南洋油桐、黃腫樹、假白欖、

英文名 jatropha、hysicnut、purging nut tree

長葉柄

蒴果球形，直徑約3公釐。

廣心形，全緣或3～5淺裂。

轉色中的蒴果
成熟的種子。

大戟科	*Ricinus communis* L.	產期 全年	花期 全年

蓖麻

雌花位於上方，柱頭紅色。

雄花位於花序下方，花藥黃色。

　　蓖麻原產於熱帶非洲至印度一帶，荷據時期引進台灣，相當耐旱而忌積水，果實成熟時裂成三片，種子會彈射散布，平地、海邊、溪床或荒廢地等排水良好處常見其野生。

　　全株有乳汁，有毒。種子含有蓖麻鹼、蓖麻毒蛋白，為劇毒，誤食會有溶血現象，伴隨嚴重的出血。種子可搾蓖麻油（castor oil），通常於果實彈裂之前採收，及時攤晒，若堆積過厚或陰雨天易發熱發霉。蓖麻油黏度大，比重高，在500～600℃ 高溫下不變質、不燃燒，零下18℃亦不凝固，可做飛機、船舶、汽車、機械潤滑油及煞車油，為二次大戰日軍的重要物資，曾獎勵推廣種植以供所需，栽培面積達數千公頃。不過近年來少見栽培，僅零星供觀賞或野生。蓖麻油亦可當作燈油，燃燒慢且無煤煙。這幾年油價高漲，生質柴油受到重視，已有業者和農民契作蓖麻嘗試搾油。油粕可做肥料。葉可餵食野蠶。

　　在醫藥上，蓖麻油可作緩瀉劑治療便祕。在農業上，可作殺蟲劑、飼料、肥料等。在工業上，可製作甘油、油墨、香皂、髮油、皮革油等。莖桿可製繩索、造紙、建材隔板。另有「紅蓖麻」，葉子暗紅色，種子深褐色，以觀賞用途為主。

特徵　多年生灌木狀草本。莖綠色或紫紅色，高1～3公尺，有白色乳汁。單葉，互生。總狀花序，無花瓣，雌雄同株異花。蒴果，種子3粒。

用途　油料、藥用與保健料

現況　台東較多，各地零星栽培及野生。

別名　蜱麻、紅都麻、紅茶蓖

英文名castor - oil plant、castor bean。

種子有褐色花紋：左蓖麻，右紅蓖麻。

植株多分枝，葉片掌狀。

鋸齒緣

單葉，掌狀裂。

蒴果，表面有刺，成熟彈裂。

| 大戟科 | *Triadica sebifera* (L.) Small =*Sapium sebiferum* (L.) Roxb. | 產期 10 ～ 11 月 | 花期 2 ～ 10 月，以 5 ～ 6 月為主 |

烏臼

　　烏臼原產於中國華中、華南、日本、越南及印度。早年隨著渡海的先民來到台灣，繁殖與適應力強，早已馴化成野生狀態，低海拔空曠處或向陽山麓常見。

　　最大的特徵是葉片近似菱形，到了冬天，葉片脫落前會變色，個體之間變色情形差異很大，有些是黃色、橘色、紅色或紫紅色，有些全株通紅，有些僅枝梢數葉變色，為著名的變色葉植物，景觀效果不遜於楓樹，是庭院、公園、校園理想之綠美化樹種，並為平地造林選項之一。但是具白色乳汁，有毒，不可食用或製為食器，也有些人碰觸後會引起皮膚過敏。

　　烏臼在春天開花，但並不明顯，事實上烏臼並沒有花瓣，時常為人所忽略。果實綠色，秋天時成熟變黑，裂開後露出種子，外層包覆著白蠟，可製蠟燭、肥皂，種小名sebiferum正是「含蠟質的」之意。種子含油脂，搾出的油稱為「木油」，為黃色液體，「燃燈極明，塗髮變黑」，亦可製油漆、機械潤滑油、生質柴油；油粕可做堆肥。木材可當薪材，纖維可造紙。葉子搗汁可做黑色染料。

總狀花序，雌花位在基部，其餘為雄花，無花瓣。

台北市經貿一路烏臼行道樹

特徵　落葉喬木，高8～12公尺。單葉，互生，菱形至菱狀卵形，先端尾狀漸尖，全緣。雌雄同株，總狀花序，長5～10公分。蒴果，成熟變黑裂為3瓣，種子3粒。

用途　油料

別名　瓊仔、柏仔樹、烏柏、椏臼

現況　全島低海拔地區野生，零星栽培供觀賞

英文名　chinese tallow-tree

變色的葉片

成熟的蒴果開裂

種子3粒，外側含白色蠟質假種皮。

結果枝

大戟科	*Vernicia fordii* (Hemsl.) Airy Shaw	產期 10～12月	花期2～3月

油桐

　　油桐是油桐屬主要的經濟樹種，原產於長江流域一帶，尤以湖北西部、四川東部、湖南西部1,000公尺以下之丘陵、山區最多。大約在鄭成功渡台時引進，但在台灣低海拔山區生長適應情形不若皺桐佳，栽培比較少，較不常見。由於果實表面光滑，俗稱為光桐；栽種3年可開始收成，又稱為3年桐。

　　為我國重要的經濟造林植物，種子含油率65～70％，稱為桐油（tung oil），屬於乾性油，比重輕，有光澤，不傳電，為製作雨衣、紙傘、燈油、印刷油墨、油布之材料，並為木製船舶、建築物的防水油漆原料。桐油有毒，誤食會引起腹部抽筋、嘔吐及輕微休克。木材輕軟易加工，色白，可作為床板、箱櫃、家具、木屐、樂器、火材棒材料。油桐對大氣中二氧化硫的污染極為敏感，可當作工廠污染監測之指標植物。

油桐開花

特徵　落葉喬木，高可達10公尺。單葉，互生，全緣，罕有1～3淺裂，葉柄與葉大約等長。圓錐花序，頂生，雌雄同株異花，先開花後長葉，平地花期較皺桐早約1個月，5瓣，白色，花心紅黃色。雄蕊8～12枚，雌蕊柱頭4裂後再各2分叉。核果，果皮光滑。

用途　油料

別名　光桐、桐油樹、3年桐、虎子桐

現況　全島海拔600～1000公尺山麓栽培及自生

英文名　tung oil tree、china wood oil tree

先端突尖

果實表面光滑，
又名光桐。

葉多全緣

基部腺體
無柄

| 豆科 | *Arachis hypogaea* L. | 產期 5 ～ 6 月最多，12 ～ 2 月次之 | 花期全年 |

落花生

　　落花生是一種特殊的豆子，因為其他豆類大多在蔓藤或莖枝上開花結果，只有它的菓子是往地裡鑽。關於它在泥土中結莢的原因，楊麗花歌仔戲中有這樣的劇本：朱元璋小時候有癩痢頭，有一次在花生欉中睡午覺，生長中的豆果莢弄傷了頭上的痂，於是他開聖口讓花生從此結莢入土中——當然這是沒有根據的。真正的原因是：花朵授粉後，細胞不斷分裂增殖，子房柄伸長而將子房送進泥土中發育成果莢。至於沒有鑽入泥土中的子房就枯乾萎縮，無法形成果莢。

　　早期栽培落花生主要是為了搾油，落花生含油量約45～54%，富含不飽和脂肪酸、蛋白質、維他命B1、B2、B6、E、菸鹼酸、脂肪和熱量，品質比大豆油佳，可再加工為燈油、潤滑油。後來食用油原料開放進口，落花生改以鮮食、焙炒、水煮、製罐為主，或用來製作糕餅、冰棒、糖果、花生醬，都很受歡迎。相傳金門的花生酥曾進貢給皇帝吃，因此也叫貢糖。

　　若仔細觀察，會發現台灣本島的落花生植株多為直立叢生狀，適合搾油、鮮食、焙炒或加工。澎湖因為較缺乏雨水，當地的品種植株呈匍匐狀，較耐旱，適合鮮食或加工。

花生油含有人體所必需的胺基酸，營養價值很高。

羽狀複葉，小葉四枚。

落花生開花，自花授粉為主。

莢果，種子1～3粒。

特徵 一年生草本。主莖叢生，分枝直立（高45～60公分）或匍匐。羽狀複葉，互生，小葉4枚，於夜間閉合。蝶形花冠，黃色。莢果，種子1～3粒。

用途 油料

別名 花生、土豆、長生果

現況 雲林最多，約占全台 77%，彰化、台中、花蓮、嘉義次之，其他縣市亦多有栽培。

英文名 peanut、groundnut、earthnut、goober、goober pea、earthpea

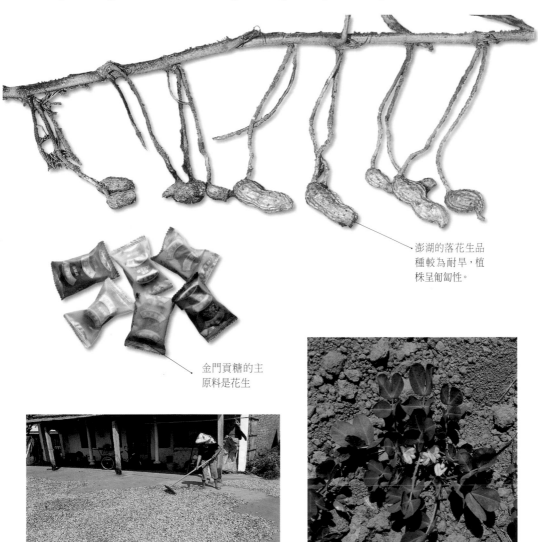

澎湖的落花生品種較為耐旱，植株呈匍匐性。

金門貢糖的主原料是花生

農友採收後曝晒落花生

落花生含油量約45～54%

| 豆科 | *Glycine max* (L.) Merrill | 產期 12 ～ 3 月為主 | 花期 11 ～ 5 月 |

大豆

　　《3國演義》中，曹植有名的七步詩：「煮豆燃豆萁，豆在釜中泣，本是同根生，相煎何太急。」其中的「豆」就是大豆，莖稱為「萁」，暗喻手足相殘，此詩讓他得以免禍。

　　大豆古稱為「菽」，管仲說：「菽粟不足，民必有飢餓之色。」可知大豆為當時五穀之首。原產於中國，品種極多，豆粒顏色有黃、黑、褐、綠、雙色等，以黃色最常見因此通稱「黃豆」。

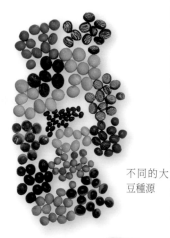

不同的大豆種源

　　為世界上最重要的豆類作物，生產乾豆者於植株枯黃時採收、脫粒、乾燥後供搾油（沙拉油）、煮食、飼料；搾油後的油粕可當飼料或肥料；磨粉後可製成豆漿、豆腐、豆花、豆乾。目前國內所需的乾豆主要由美國進口。

　　「毛豆」是大豆鮮嫩的未熟豆莢，可做蔬菜食用，台灣生產的毛豆品質特優，風味佳，深受日本市場歡迎。豆科植物的根系普遍有根瘤菌共生，具固氮作用，可作綠肥，綠肥用的大豆品種如「青皮豆」。

花朵小，為自花授粉作物

特徵　一年生草本，全株有細毛。莖直立，高30～100公分，少數品種為半蔓性。3出複葉，互生。總狀花序，蝶形花冠，白色或粉紫色。莢果，種子以2～3粒較普遍。

用途　油料、綠肥、洗滌料

別名　黃豆、菽。

現況　1.大豆：屏東、台南、桃園；
　　　　2.毛豆：屏東最多，高雄、雲林、嘉義次之；
　　　　3.綠肥大豆：桃園最多，嘉義、台南、苗栗次之。

英文名 大豆：soybean、soy、soya；
　　　　毛豆：vegetable soybean、green soybean。

大豆磨製的黃豆粉

中南部地區的毛豆，每年產值可達15億元。

大豆搾製的大豆油

3出複葉，有細毛

木樨科	*Olea europaea* L.	產期 9 ～ 10 月	花期3～4月

油橄欖

原產於小亞細亞，為地中海型氣候區代表性作物，已有4,000多年的栽培歷史，自古即有重要的經濟價值，地中海周邊的以色列、葡萄牙、賽普勒斯都以它為國花。西班牙為最大生產國，主要產於南部的安達魯西亞。義大利、希臘、土耳其、突尼西亞、摩洛哥亦為著名產區，南、北半球溫帶國家多有經濟栽培，至少有數百個品種。一般住家亦常種於盆栽、庭院供觀賞。

鳳山園藝所的油橄欖植株

果實可發酵、醃漬，去除苦素後供食用，或去籽後添加香料、甜紅辣椒、杏仁、酸豆等以增加風味。亦可入藥。但以搾油（Olive oil）為主。主要成分為油酸、亞油酸，富含維他命，膽固醇極少，可生食、烹飪。可多次壓搾以提高產量，但以第一次壓搾的品質最佳，且以冷壓為最好，為高級食用油，古時候並用來點燈。橄欖油是台灣進口量第3名的食用油。葉片可萃取抗氧化成分，並開發成化妝水、乳液、乳霜、面膜等保養品。木材紋理細緻，可製家具或食器餐具。

油橄欖開花，複總狀花序，著生於一年生枝條葉腋。

喜歡夏乾型氣候，混植不同的品種有助於授粉與結果。屬於長日植物，台灣的夏天潮濕多雨日照短，冬季低溫不足，不利於花芽分與開花，故無法經濟栽培。農業試驗所鳳山熱帶園藝試驗分所有種植一排，經詢問表示不曾開花結果；嘉義縣竹崎國小操場邊也有一棵，2011年6月曾觀察到結一顆果實。

超市販售的Virgin Olive Oil初搾橄欖油

特徵 常綠小喬木，單葉，對生，長3～8公分，葉表濃綠色，葉背銀白色。複總狀花序，花4瓣，白色，直徑約0.7公分。核果，成熟紫黑色。種子1粒。

用途 油料

別名 齊墩果、阿列布、洋橄欖、歐洲橄欖、木樨欖

現況 台灣甚少栽培

英文名 Olive

油橄欖結果，成熟時紫黑色。

| 胡麻科 | *Sesamum indicum* L. | 產期 11～1 月最多、5～6 月次之 | 花期 9～10 月最多，3～4 月次之 |

胡麻

　　《天方夜譚》中，「阿里巴巴與四十大盜」是非常有趣的一篇故事，許多阿拉伯人認為芝麻具有神奇的力量，也喜歡吃芝麻做成的halva（一種加入碎芝麻、碎核果和蜂蜜的甜食），故事中四十大盜即以「芝麻」當作開門的咒語。

　　張騫通西域時傳入中國，稱為胡麻，以別於當時已有栽培的「大麻」，俗稱芝麻。早期台灣許多地方都有栽種胡麻，例如：雲林口湖原來叫做「烏麻園」、嘉義新港古稱「麻園寮」，都是因為當地曾盛產胡麻。目前以台南市西港區栽種最多，約占全台的13%。

　　依種子顏色，可分為黑胡麻、白胡麻、黃胡麻等，以黑胡麻最常見，於植株枯乾果實變色時收割，曝晒後敲下種子，可搾成「胡麻油」，油質清澈無味，性熱，含有人體所需的亞麻酸，產婦坐月子時常用胡麻油加米酒燉雞，有滋補之效。白胡麻通常直接炒食、脫皮後當燒餅、麵包、糖果餡料，或磨成「香油」供調味。胡麻油除了食用，也可做為工業用原料油（肥皂、機械油）、化妝品、醫用藥膏、燈油。在國外有將胡麻作成芝麻鹽、芝麻粉、芝麻醬；搾油後的胡麻餅也可當飼料。台灣自產的胡麻只占需求量百分之一，其餘都靠國外進口。

特徵　一年生草本，全株有細毛，莖方形，高60～200公分。單葉，全緣或深缺裂，互生或對生，葉面有黏性。花筒狀唇形，白色。蒴果有稜，種子70～90粒。

用途　油料

現況　台南最多、屏東、台中、嘉義次之。

別名　芝麻、油麻、麻仔、脂麻、烏麻、白麻

英文名　sesame

葉面有黏性

花期很長，花朵富含蜜液，為重要的蜜源作物。

採下的胡麻需經曝晒使種子乾燥，含油量約48～57%。

蒴果有稜

| 茶科 | *Camellia oleifera* Abel. | 產期 9～11月 | 花期 11～12月 |

油茶

　　前幾年和同事一起到雲林草嶺旅行，參觀完各景點回到民宿，主人點起爐火煮了茶油三杯雞供大夥解饞並強力促銷，由於滋味頗佳且有整腸健胃之效，幾乎大家都買了幾瓶茶油。茶油主要是由油茶的種子搾製而成。

　　原產於華南，台灣以大阿里山、南投信義、台北3峽、花蓮卓溪等山區較常見。通常在果實成熟但尚未裂開前採收，曝晒後使果皮裂開、種子脫落，再繼續晒乾降低含水量即可搾油。茶油呈半透明黃褐色，有香味，高溫烹調下不易變化，品質可媲美橄欖油。可生食、炒菜、拌飯、拌麵，富含蛋白質。在工業用途上，茶油也可當作潤滑油和防鏽塗料的原料。

　　搾油後的油粕俗稱「茶枯」，常當作有機肥料和天然農藥，可防治福壽螺，也可用來消毒魚池。老一輩常將「茶枯」削成粉屑用來洗澡、洗髮、洗衣服，並用茶油護髮。近年來已開發成洗髮精、沐浴乳、護髮膏、肥皂等產品。茶粉亦可毒魚，毒昏後的魚對人體無毒害。

　　台灣另有原生之細葉山茶*Camellia brevistyla* (Hayata) Cohen-Stuart，果實較小，種子含油率略高，搾成的油俗稱苦茶油。

特徵　常綠小喬木，多分枝，高3～6公尺。單葉，互生，葉緣鋸齒狀。花單生於葉腋，5～6瓣，白色，雄蕊多數。蒴果，開花後約11個月成熟，種子1～3粒。

用途　油料、洗滌料

現況　嘉義、苗栗、花蓮、南投、台東、新北市等山區。

別名　1.大果種：茶油樹、茶子樹；
　　　　2.小果種：細葉油茶、苦茶油樹。

英文名 oiltea camellia

細葉山茶　　　　大果油茶

大果油茶結果，成熟裂開。

細葉山茶，果實較小。

互生，葉緣鋸齒狀。

搾油後的茶粕可用來洗滌，或當作有機肥。

花單生於葉腋，5～6瓣。

莧科	*Beta vulgaris* L. var. *rapa* Dumort.	產期 4～5 月	花期 3～6 月（平地栽培不開花

甜菜

　　甜菜為溫帶國家最主要的製糖作物，盛產於北緯33°以北和南緯30°以南地區，從播種至收成約6個月，生育期較甘蔗（種植至採收需12個月）短。

　　從外觀看，甜菜的地上部類似「葉用恭菜」（厚末菜），根部肥大似蘿蔔。最初被當作根菜和葉菜，直到200多年前，培育出糖用甜菜新品種，並建立甜菜製糖工廠後，開始量產蔗糖。以俄羅斯、法國、美國和德國生產最多。早期台糖公司亦曾在屏東試種，生育情形不錯，收穫後去皮、切塊即可製糖。但因為製糖的機器、方法和甘蔗不同，而且採收期適逢雨季，容易裂根，並未推廣。

　　菜市場販售的紫紅色「恭菜根」常被稱為「甜菜」或「甜菜根」，並非製糖用的甜菜。甜菜喜涼爽少雨，生長適溫15℃，日照充足、日夜溫差大的環境下，光合作用產生的糖迅速累積合成蔗糖，貯藏於根部。除了製糖，亦可當作飼料。

蘿蔔的根和葉片，乍看很像甜菜。

　　筆者曾經兩次試種甜菜：第一次在台北植物園，92年11月7日播種，3天發芽，初期一直長葉片，93年2月根部逐漸肥大，陸續培土，5月25日收穫。第二次在嘉義大學，96年12月10日播種，

播種後10週，尚未開始結球。

來自義大利的甜菜種子

播種後17週根部肥大的甜菜

小朋友、志工一起分享試種的成果。

3天發芽，97年5月30日收穫，最重的一顆達4.2公斤，糖度15～16Brix。試吃它的葉片，和厚末菜相似。根部煮食味道略甜，但可能是組織開始老化，並不是很可口。

特徵 一、二年生草本。根部肥大，莖不明顯。葉片互生，葉柄粗大肥厚，葉面光滑多皺褶，長30～40公分。生育期間共長出60～70枚葉片。圓錐或穗狀花序，淡黃綠色，無花瓣。胞果，種子一粒。製糖用途時應避免抽薹開花，以免消耗糖分。

用途 糖料

現況 無經濟栽培

別名 糖蘿蔔、砂糖萊菔、糖用甜菜

英文名 sugar beet

紫紅色的莙薘根，並非製糖的甜菜，只能當成蔬菜。

甜菜糖，3磅10.63美元，單價比甘蔗砂糖貴上許多。

在嘉義大學試種的甜菜（播種後25週）

甜菜根橫切面，一圈圈的維管束環，以及薄壁細胞。環數愈密集，含糖愈多。

棕櫚科	*Arenga pinnata* (Wurmb.) Merr.	產期 國外以乾旱炎熱的季節為主	花期 3 ～ 12 月

砂糖椰子

　　砂糖椰子原產於東南亞、印度東部，當地居民會在住家附近種上幾棵，等它開花時，將帶有分枝的竹竿固定在樹幹旁，然後每天爬上樹，用木棒拍打花梗（據說有助於產生汁液），大約2個月後將花梗砍斷，用桶子收集流出來的汁液。汁液可熬煮成糖漿，或加入硬化劑凝結成棕櫚糖（palm sugar），色澤深淺可能會有所不同，形狀則因裝填的模具而異。每株每年大約可熬糖200～300公斤。糖漿也可以沖泡成傳統甜飲，或用來製醋、釀酒。

　　葉柄基部有黑色的纖維，強韌而耐水浸，可編織繩索、掃把、刷子，葉片可用來覆蓋屋頂。莖幹的髓心富含澱粉，可提取西穀米煮食。將嫩果蒸煮，挖出白色的胚乳，加上糖水，可製成罐頭外銷。

　　由於採收與製作費工，台灣的砂糖又一直很便宜，因此不曾聽聞有人收集製糖，僅植物園、公園零星栽培供觀賞。

雄花（台北植物園）

幼齡樹

將雄花梗砍斷，可收集樹汁製糖。

特徵 多年生喬木，莖直立不分枝，高可達20公尺。羽狀複葉，長可達7公尺，小葉長可達1公尺，葉表濃綠，葉背灰白，葉柄硬直。佛燄花序長1.8～3公尺，下垂狀。雌雄同株異序。核果，成熟時橘色，直徑約4公分。種子3粒。

用途 糖料、澱粉料、纖維料

現況 植物園、公園零星種植

別名 糖棕、糖椰子、桄榔

英文名 sugar palm

羽狀複葉，葉尖成不規則咬切狀。

果實汁液沾到皮皮膚會引起搔癢。

種子3粒

| 棕櫚科 | *Borassus flabellifera* L. | 產期 8～12月果熟 | 花期 5～6月 |

扇棕櫚

扇棕櫚原產於東南亞、孟加拉、印度，梵語稱為貝多羅樹、貝多樹。柬埔寨吳哥窟附近的水田邊即有種植。日治時期引進台灣，目前全台有多少棵扇棕櫚並無統計，但必定不多。台北植物園有2棵老樹，一雄一雌，生長情形良好，雌株身材略高。

台北植物園的扇棕櫚

在紙張發明之前，印度僧侶會將葉片沿葉脈切割開，水煮晒乾後抄寫佛經，裝訂繫帶成冊，稱為貝葉經。《舊唐書》也記載：「天竺國書于貝多樹葉以記事」。

雌、雄株都可生產糖漿。將花梗切劃，收集汁液（方法類似砂糖椰子），可直接飲用，或加熱濃縮成糖漿，釀酒製醋，或熬煮成糖塊，稱為palmyra palm fruit's sugar（巴爾米拉棕櫚果糖），為東南亞常見。雌株另可生產果實，農民會爬樹摘果，用長繩將果串縋下，避免破裂，削去果皮和果肉，挖出半透明的胚乳，口感像果凍，柔軟而有甜味，可以生食、調製雞尾酒、果汁、冰品。

播種繁殖，但幼苗成長緩慢。若育苗成功，不妨推廣至各學校、公園栽培供觀賞。

特徵 多年生喬木，莖幹通直不分枝，高可達30公尺，直徑可達60～90公分。掌狀複葉，長約3公尺，硬革質，柄粗硬。雌雄異株。核果，熟時紫黑色。種子1～3粒，直徑約6公分。

用途 糖料、纖維料

現況 台北植物園

別名 扇椰子、糖棕、巴爾米拉椰子、貝多羅樹、貝多樹、扇葉棕

英文名 palmyra palm、palmyra

2011年台北花博展示的扇椰子，直徑15-25公分。

泰國曼谷果菜市場販賣的棕櫚糖

柬普塞販售的棕櫚糖，以及用葉片編織的籃子。

| 菊科 | *Stevia rebaudianum* Bertoni | 產期夏至秋季，每個月收割一次 | 花期 5 ～ 11 月為主 |

甜菊

　　甜菊原產於南美洲巴拉圭、巴西交界的山地，最特殊之處是葉片有甜味，在巴拉圭當地稱之為kashee，意思為「蜂蜜葉子」，很早即用來泡成甜茶飲用，但直至1931年始抽離出其成分。

　　台灣的甜菊最早由日本引進，目前普遍作香草植物栽培。以播種（3～4月或9～10月）或扦插（4～6月）繁殖，生長期間應避免開花。晴天收割，葉片攤晒晾乾或烘乾使水分含量低於百分之十，有利於儲藏或加工。整株都含甜味，以葉片的含量最高，晒乾粉碎後為甜菊粉。沖泡香草茶時只要添加幾片新鮮或晒乾的甜菊葉，就能使茶湯風味變甜。亦可加工萃取，粗提物甜度是白砂糖的150倍，若再精製為結晶體，甜度更高，但熱量僅為蔗糖之三百分之一，可作為代糖，適合糖尿病病人食用。

　　「甜菊萃」雖然尚未證實會致癌或導致不孕，但在香港和美國被嚴格管制使用，日本則幾乎不太限制，台灣目前僅核准瓜子、蜜餞、飲料製作過程中可適量添加使用。但乾燥的葉片可泡茶飲用，屬於天然食品，使用上不受管制。

特徵　多年生草本，莖直立多分枝，高30～80公分，全株有短毛。葉片對生，近橢圓形。繖房花序，每4～6朵生於枝梢，花白色。瘦果細小，帶有冠毛。

用途　糖料

現況　各地零星栽培

別名　甜草、糖草、糖菊、甜葉菊

英文名 stevia、sweetening chrysanthemum

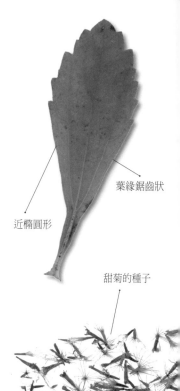

葉緣鋸齒狀

近橢圓形

甜菊的種子

花白色，柱頭成 Y 字型

乾燥的甜菊葉

甜菊普遍作為香草植物栽培

| 美人蕉科 | *Canna edulis* Ker | 產期 12 ～ 3 月 | 花期 1 ～ 2 月 |

食用美人蕉

　　美人蕉是校園與公園常見的觀賞植物，食用美人蕉的外型比美人蕉高大，葉片也較寬大，但不常開花，故觀賞價值略差。

　　原產於南美洲、西印度群島等熱帶地區，日治時期引進，早期北起台北貢寮，南迄屏東等低海拔山區均有零星栽培，尤以南投縣栽培最多。2～3月分株或以根莖繁殖，年底地上部乾枯澱粉含量最高時掘取。根莖可直接蒸煮食用，但主要用途是磨製成「薯粉」，供粉絲、餅乾、料理勾芡或食品加工利用。其澱粉粒比甘藷、馬鈴薯、木薯澱粉大且易消化，品質優良，尤其適合病人及兒童食用。莖葉可作家畜飼料和造紙原料；地下根莖密布且地上部莖葉叢生，可當水土保持作物；提煉後的渣可製成堆肥。

特徵　多年生宿根草本，具地下根莖，每節有一鱗片狀的退化葉片，淡紫色。假莖叢生，高2～3公尺。葉片互生，由葉鞘互抱成假莖。複總狀花序，生於假莖頂稍。花瓣3枚，雄蕊演變成花瓣狀。蒴果，但幾乎不結果。

用途　澱粉料

現況　中南部零星種植

別名　食用曇華、藕薯、食用蓮蕉、薑芋

英文名 edible canna、queensland arrowroot、purple arrowroot

花瓣，3片。

花瓣狀的雄蕊3枚

未瓣化的雄蕊

此枚雄蕊反捲成唇瓣狀

花萼

子房

地下根莖可製粉

葉片互生，由葉鞘互抱成假莖。

葉片綠色，葉脈、葉緣紅紫色。

禾本科	*Saccharum officinarum* L.	產期 1.白甘蔗：11～4月；2.紅甘蔗：全年均有，10～12月盛產	花期 11～1

甘蔗

　　還記得在高雄橋頭實習時，糖廠後方是一片蔗田，甘蔗車行經顛簸的路面總會掉落幾節白甘蔗，其甜蜜的滋味更勝紅甘蔗。這經驗可能類似古代，當亞歷山大大帝的軍隊來到印度，見到當地人咬食一種稀奇的蘆葦 —— 沒有蜜蜂的幫助也會產生一種蜜汁。這種稀奇的蘆葦指的就是甘蔗。

　　甘蔗原產於溫暖的印度、東南亞，經過不斷的雜交改良，使它成為最重要的製糖作物。台灣從荷據時期即有蔗糖外銷日本、波斯的紀錄，尤以中南部的氣候和平原地形最適合栽培，從冬至開始採收一直到清明節，也是糖廠最忙的季節，空氣中總會帶著陣陣的甜香。糖品主供外銷，是僅次於稻米的第二大農作物。近年來自產自銷成本過高，蔗田面積日益縮小，許多糖廠都直接進口原料糖加工以供應國內所需。

　　甘蔗大致分為兩類：製糖用甘蔗即「白甘蔗」，肉質較硬不適合生食，但糖度較高適合製糖，亦可充當甘蔗汁原料。水果攤俗稱的「紅甘蔗」，糖度較低但肉

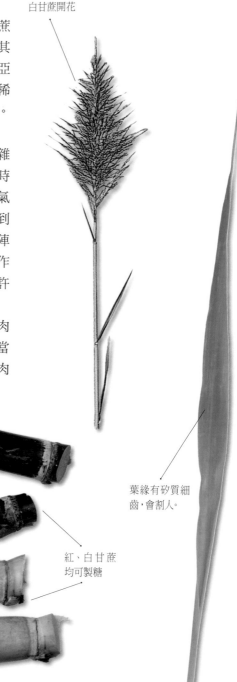

白甘蔗開花

葉緣有矽質細齒，會割人。

紅、白甘蔗均可製糖

有明顯的節

以甘蔗為原料製成
的rum（蘭姆酒）

質較脆風味較佳，適合生食、榨汁。

　　甘蔗的用途很多，可加工製糖、釀酒、提煉酒精。蔗渣可製成甘蔗板、絕緣板、紙漿、燃料、肥料、飼料。頂芽去葉削皮成「甘蔗筍」，可混合肉絲炒食。近年來更因甘蔗可用來製成酒精再調配成「酒精汽油」，造成國際糖價上升。

特徵　多年生草本，莖稈叢生直立，高2～4公尺，表面有蠟粉，有明顯的節，可扦插繁殖。葉片互生，葉緣有矽質細齒，會割人。圓錐花序，生於莖頂。花和穎果均極細小。

用途　糖料、纖維料

現況　白甘蔗：台中以南平地，台南、嘉義、屏東、雲林、高雄最多。
　　　　紅甘蔗：彰化、台南、雲林、屏東，分布較為零星。

別名　秀貴甘蔗、高貴蔗；
　　　　白甘蔗：製糖用甘蔗、糖蔗；
　　　　紅甘蔗：生食用甘蔗、果蔗。

英文名　1. 製糖用甘蔗：sugar-cane；
　　　　　2. 生食用甘蔗：sugar-cane（fresh）。

不同的蔗糖製品：黑糖、糖粉、二級砂糖、冰糖。

白甘蔗採收，貨車裝滿後，即由下一台空貨車補位。

白甘蔗的穎果，細小易飛散。

白甘蔗是最重要的製糖作物

| 禾本科 | *Sorghum bicolor* (L.) Moench. var. *succharafum* Kouern | 產期 5～12月 | 花期 3～10月 |

甜高粱

　　甜高粱為高粱的一個變種，開花結穗後也可當作穀物食用，但產量略低且種子較小，以製糖為主。

　　植株耐旱，年雨量400公厘以上地區即可栽培，在水源缺乏的地區可取代甘蔗和甜菜。將莖稈切成小段後可加工成糖漿、結晶糖。從種植到收穫只需3～4個月（甘蔗需12～14個月）。早期台糖公司曾試種並製成紅糖或白糖，但並未推廣。

　　畜產試驗所已育成「台畜一號」甜高粱，莖稈糖度比蘋果高，可直接食用，吃法類似甘蔗且纖維更細，亦可搾汁、磨粉、淬取或濃縮。產草量高，當作牛羊的芻料可使泌乳量增加。亦可釀酒、釀醋，蔗渣可製造紙漿。莖稈切斷壓碎，搾出甜汁後發酵與蒸餾，可提煉生質酒精添加至汽油中，可降低CO、CO_2排放量，節省能源及減少污染。

甜高粱開花

特徵 一年生草本，莖稈實心，高1.5～2.5公尺，分蘗較一般高粱多，表面常有白色蠟粉。葉片互生，葉緣平直，表面平滑無毛。圓錐花序，花序緊密、半散開或散開狀，兩性花。穎果，白、黃或褐色。

用途 糖料

現況 台南學甲、新化、宜蘭3星、雲林古坑有試種。

別名 蘆粟、糖高粱

英文名 sweet sorghum、sugar sorghum

表面平滑無毛

甜高粱通常結實不多

甜高粱植株（幼株）

| 澤瀉科 | *Sagittaria trifolia* L. var. *sinensis* (Sims) Makino | 產期 1～3 月 | 花期 8～10 月 |

慈姑

　　慈姑是華南地區有名的蔬菜，根據《群芳譜》所載：「慈姑一根歲生十二子，如慈姑之乳諸子，故名。」

　　慈姑屬的植物遍布於亞洲、歐洲、美洲，但只有本種的地下莖肥大可供食用，日本、香港亦有栽培，其他國家甚少食用。您可以到傳統市場買1斤慈姑，較大顆的削皮切塊和肉片同炒，肉質鬆爽可口。較小顆的種入土中後浸水3～5公分，之後會不斷的萌發蘗芽，為避免養分分散，須注意除蘗，若再配合施肥與充分的日照，球莖較易充實肥大。到了歲末隆冬，球莖休眠，葉子枯黃，將水放乾後即可挖取球莖。忌連作，連年栽培球莖會變小且品質變差。

　　慈姑的營養價值極高，富含澱粉、蛋白質和醣類。除了入菜，亦可油炸、煮湯、燉雞、磨粉。

特徵　多年生挺水性草本，地上部冬季枯萎。地下莖分為「走莖」及「球莖」。單葉，3角狀剪刀形，葉柄五角柱形。花莖高約1公尺，總狀花序，通常每3朵輪生於一節。基部為雌花，頂部為雄花。花白色，3瓣。通常不結果。

用途　澱粉料

現況　過去在新北樹林、蘆洲和新竹縣有栽培，現在幾乎無栽培。

別名　茨姑、燕尾草

英文名 arrowhead

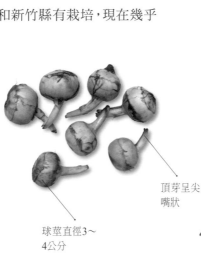

單葉，葉形3角狀似剪刀。

未成熟的球莖

頂芽呈尖嘴狀

球莖直徑3～4公分

水生植物的一種，生長期不可缺水。

| 莧科 | *Chenopodium album* L. var. *centrorubrum* Makino | 產期 12～4月 | 花期 11～2月 |

台灣藜

近幾年在插花界有一種黃色、橘色、紅色或紫色的花材，下垂狀的果串宛如稻穗，稱為柔麗絲（可能為排灣族語djulis的諧音）。這種植物即「赤藜」，其幼葉和芽心為粉紅色，又名紅藜、紅心藜，並於2008年正名為台灣藜。

台灣藜的播種期會影響穗色的表現，日照充足、日夜溫差大有利於色素形成，9~12月播種者12~2月開花，果穗顏色最為鮮豔；3、4月播種者將來之果穗色彩較黯淡。將頂芽摘除會延遲果穗形成，且果穗變小，但穗數會增多。

台灣藜為台灣原住民主要的雜糧之一，秋冬之際播種繁殖，幼苗和嫩莖葉採下可作蔬菜，其膳食纖維為甘藷之5倍，燕麥之3倍，可做成健康食品。種子搗去殼皮後磨粉，混入麵粉中可作成糕餅、麻糬、麵包，也可混合小米煮粥，或單獨煮食，或與芋頭、米飯、地瓜搭配食用。蒸熟的種子咀嚼成泥狀後置入煮過的小米中，有助於小米酒發酵，增添風味。因為果穗顏色鮮豔，亦為慶典、聖誕節重要之裝飾品。

台灣藜種植容易，用途亦多，可開發成保健植物加以推廣，目前已有台東區農業改良場、屏東科技大學等進行研究，期能育出較矮、種子較大、果穗更多顏色的品種。

不同色彩的果穗，美麗動人。

幼葉帶粉紅色

葉柄細

果穗可觀賞或食用

葉緣粗鋸齒狀

特徵 一年生草本，高80～100公分，莖多分枝，質地硬而易折斷。單葉，互生。葉柄細長，葉緣粗鋸齒狀。圓錐或穗狀花序，下垂狀，花被5片。胞果，色彩多變，種子扁圓形。

用途 藥用與保健料、嗜好料（釀酒）

現況 屏東縣瑪家鄉最多，其他原住民鄉鎮零星栽培。

別名 藜、紅藜、紅心藜、赤藜、柔麗絲

英文名 lambs quartens goosefoot

個體間顏色差異大，可剪下供裝飾。

高雄縣茂林鄉多納村自產自銷的有機台灣藜米

幼葉和芽心為粉紅色

高雄市茂林區多納里的台灣藜田

旋花科	*Ipomoea batatas* (L.) Lam.	產期 3～9月	花期 10～12月

甘藷

　　甘藷原產於熱帶美洲，早在哥倫布發現新大陸之前原住民已大面積栽培食用，之後隨著列強的船隊傳遍世界各地。民間相傳嘉慶君遊台灣時肚子餓，農民送上香噴噴的甘藷令他讚不絕口，當然這是沒有根據的。光復後，農村普遍以養豬為副業，常用甘藷藤來餵豬，在缺乏米食的時代，窮苦人家亦屢以甘藷籤度日。

　　性喜溫暖，在日照充足環境下光合作用旺盛，日夜溫差大有助於養分累積與塊根肥大，扦插後約5～6個月即可收穫。富含澱粉，可製粉或再製成酒精，或直接製作成薯條、蜜餞、薯片或釀酒（酒味較淡），早期金門即是以生產地瓜酒而知名，直到民國41年以後才以高粱酒揚名海內外。

　　甘藷粉是很多台灣小吃的主要原料，每100斤的甘藷約可磨成20斤的濕粉，過濾晒乾後大概只剩10斤的乾粉，可調製為蚵仔煎、粉圓的原料。甘藷也含有可以轉變成維生素A的β胡蘿蔔素，尤以藷肉深橙紅色的品種特別豐富；而膳食纖維則有助於消化系統之排泄及健康。

特徵 多年生藤本，全株有乳汁。塊根肉質有白、黃、橙、紫等色。莖匍匐生長可達數公尺，節間易生不定根，鑽入土中形成新的塊根。葉片互生，全緣或3～7裂。花五瓣，合生成漏斗狀，白色或粉紫色。蒴果，種子1～4粒。

用途 澱粉料、嗜好料（釀酒）

現況 雲林最多、彰化、台南、台中、苗栗等次之。

別名 番藷、地瓜、甘薯。

英文名 sweet potato

短日性植物，花形似牽牛花。

葉片全緣或3～7裂

塊根肥大情形

2011年台北花博展示的甘藷粉

| 大戟科 | *Manihot esculenta* Crantz. | 產期 冬季 | 花期 5 ～ 10 月 |

木薯

蒴果，表面有 6 個稜。

　　過年時，總會和父親回嘉義，先灑掃庭除，再整理花草樹木。院子邊有幾棵木薯，砍斷它掘出塊根，去泥削皮，切塊糖煮，不僅是一鍋湯點，也代表甜蜜的愛。而砍斷的主莖扦插覆土，第二年還可再生木薯。

　　木薯因其植株地上部分似樹，地下塊根肥大似甘藷而得名。富含澱粉，是亞馬遜居民幾千年來的主食，傳入非洲後亦成為重要的糧食，其他熱帶國家則多作為飼料和澱粉用。塊根不可生食，不過煮熟或乾燥後破壞其毒性即可安心食用。用途很多，在巴西曾用以製造酒精。也可加工為工業用澱粉，作紡織漿糊、印染、造紙的添加劑；幼嫩莖葉富含蛋白質，切碎煮熟後可養豬、餵魚；莖桿可做造紙原料或燃料。

塊根形似甘藷，煮熟後才可食用。

　　木薯可分為兩大類型：「苦味型」的澱粉含量較高，經過搗碎、製粉、晒乾等程序可製成太白粉、味精、食品加工之甜味配料，栽培面積曾高達20,000公頃，但現今栽培極少，國內所需木薯粉以泰國進口為主。台灣目前栽培的以「甜味型」為主，市場上偶爾有售，可煮成甜湯。

削皮切塊，即可煮成甜湯。

特徵　多年生落葉灌木，全株有白色乳汁，塊根5～8條或更多。莖高2～4公尺，多分枝。葉片互生，掌狀3～11裂。雌雄同株異花或雌雄異序，總狀或圓錐花序，無花瓣。蒴果，表面有 6 個稜。種子褐色有斑。

用途　澱粉料

現況　高雄、新北市、嘉義、苗栗等零星種植

別名　樹薯、木番薯、樹番藷

英文名 chinese fan palm、 windmill palm、 fortune's palm、fortune windmill palm

代客磨製木薯粉的廣告，已經很少見（竹崎鹿滿）。

葉片互生，掌狀3～11裂。

豆科	*Pisum sativum* L.	產期 12～3 月	花期 10～3 月

豌豆

　　豌豆原產於南歐、西亞一帶，張騫通西域時傳入中國。據《台灣通史》記載，豌豆「種出荷蘭，花有紅、白二種，冬時盛出」，閩南語俗稱「荷蘭豆」。以彰化栽培最多，面積超過全台80%。

　　豌豆屬於冷季蔬菜，冬季盛產，夏季僅適合栽培於中海拔地區，產量少但利潤較高。嫩豆莢和豆粒適合炒食、煮湯。嫩梢、幼苗可入菜。成熟的乾豆可鮮食、冷凍製罐、烘製「翠果子」，亦可混合白米煮粥做飯，磨粉後可製成糕點、醬油、粉絲。莖葉可做飼料，亦可當作綠肥。

　　遺傳學上著名的「孟德爾定律」，就是奧地利人孟德爾在修道院中利用豌豆做實驗而發現的。他將紫花豌豆和白花豌豆人工授粉，培養出的第一代都是紫花（顯性基因）；再將第一代互相雜交，第二代才會出現白花（隱性基因），這個發現為後來的遺傳學奠定了發展的基礎。

甜豌豆的種子

頂端小葉變為卷鬚

羽狀複葉，互生。

小葉對生

不同顏色的豌豆品種

特徵 一年生藤本，莖圓形中空，矮性種高25～50公分，蔓性種高1～2公尺。一回羽狀複葉，互生，小葉1～3對，頂端小葉變為卷鬚。總狀花序，蝶形花冠，白、粉紅或紫紅色。莢果，有軟莢、硬莢之分。硬莢類成熟時豆莢裂開，軟莢類豆莢不裂開。種子4～10粒，光滑或皺縮。

用途 澱粉料、綠肥

現況 （莢豌豆） 彰化、南投、雲林

別名 荷蘭豆、荷蓮豆

英文名 pea、garden pea、snow pea

莢豌豆的豆莢較扁，以食用嫩莢為主。

蝶形花冠，白色、粉紅色或紫紅色。

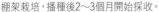

棚架栽培，播種後2～3個月開始採收。

豆科	*Vicia faba* L.	產期 1.鮮豆粒：1～4月；2.乾豆：全年	花期 12～3月

蠶豆

　　蠶豆原產於非洲北部、地中海東岸、西亞一帶，是歐洲人主要的食用豆類之一。張騫通西域時引進中國，稱為胡豆；豆莢形似老齡蠶寶寶，故名蠶豆。

　　適合冷季栽培，鮮嫩豆粒可煮湯、炒食。果莢成熟變黑可剝取乾豆，浸水後縱切、油炸，加入香料、蒜泥調味，稱為「蠶豆花」或「蠶豆酥」，是雲林北港的名產。由於台灣栽培蠶豆並不多，所需乾豆以進口為主。乾豆粒可孵成蠶豆芽當作蔬菜；磨粉後可製成粉絲、粉皮、糕餅的餡料。莖葉可做飼料或綠肥。

　　有一種病症叫蠶豆症，病人在食用蠶豆後會發生急性溶血，產生倦怠、黃疸、貧血等症狀，嚴重時會死亡。蠶豆症和種族遺傳有關，例如拉丁人、客家人較容易患此症，患有蠶豆症者不可食用蠶豆。

特徵　一年生草本，全株平滑無毛。莖方形中空，高60～100公分。羽狀複葉，互生，小葉2～6枚，基部有大型托葉。總狀花序，蝶形花冠，白色，有色絲及色斑。莢果，有絨毛，成熟時變黑變硬，種子2～5粒。

用途　澱粉料、綠肥

現況　新竹市東區較多，其他地區零星栽培。

別名　馬齒豆、胡豆、羅漢豆、佛豆。

英文名 broad bean。

全株可開 300 朵左右的花，但只有十分之一可結成果實。

種子2～5粒

新鮮的蠶豆，市場上不多見。

托葉

羽狀複葉，互生。

小葉2～6

果莢大多朝上，可採下剝取豆粒。

殼斗科	*Castanea mollissima* Bl.	產期 7 ～ 10 月	花期 3 ～ 4 月

板栗

開花後80～120天殼斗裂開、栗子掉落。

殼斗密布針刺，形似刺蝟，具保護堅果的作用。

　　許多人都愛吃的「糖炒栗子」，主要是由板栗（原產於中國北部）或茅栗（*Castanea crenata* Sieb. & Zucc.，原產於日本、韓國）熱炒而成。這兩種栗子樹在台灣都有栽培，只是不常見，國產栗子雖然比較貴但仍供不應求，市場上的栗子幾乎都是從大陸進口。

　　根群強健，早年曾推廣作為水庫上游集水區的水土保持作物。冬天落葉，春天開花，花朵有股異味，主要靠蒼蠅授粉。果實外圍被刺蝟狀的「殼斗」所包被，剛開始殼斗較軟，而後逐漸變硬，成熟時殼斗裂開堅果（栗子）掉出。通常在清晨收集，亦可用竿子將殼斗打落（樹型低矮者可直接用夾子摘下），晒乾後用鉗子剝開取出栗子。台灣的栗子採收期正逢雨季，含水量較多，不適合久藏，最好立即食用。

　　富含澱粉，磨粉後可做糕點或栗羹，亦可直接糖炒、鹽炒、水煮、生食、烤食、包粽子、煮甜湯、製罐頭等；木材堅硬可供建築、家具；樹皮可當染料或抽取單寧。

特徵　落葉喬木，高可達20公尺，常修剪成2～3公尺高。單葉，互生。雌雄同株異花，無花瓣。雄花序柔荑狀。雌花著生於雄花序基部。堅果，1～3粒包藏於殼斗中。

用途　澱粉料

現況　嘉義縣中埔鄉栽培較多，南投、苗栗、台中零星栽培

別名　1.板栗：中國栗、栗子、魁栗、大栗；
　　　　2.茅栗：日本栗、日本板栗。

英文名 chestnut。

剛發芽長根的茅栗

雌花大多2～3朵開在一起，有棘刺狀的柱頭。

雄花序由300～500朵雄花組成，荑莄狀。

單葉，葉緣有刺。

| 竹芋科 | *Maranta arundinacea* L. | 產期 11～3月 | 花期 10～12月 |

葛鬱金

　　葛鬱金原產於中美洲或巴西，以西印度群島栽培最多，當地人取其根莖當作食物；箭傷或外傷時將根莖搗碎調成糊狀敷塗傷口，有清熱解毒之效。

　　性喜高溫多濕，台灣各地都有栽培，以中南部和東部較多。3～4月分株繁植，冬季收成。根莖呈棍棒狀或紡錘形，外側有黃褐色薄膜，也叫「金筍」。含纖維質，有黏性，蒸烤後可直接食用，或煮排骨湯，味道芳香，為高纖食品。

　　成熟的根莖富含澱粉，俗稱「粉薯」，為太白粉、蓮藕粉的代用品，粉質細緻易消化，適合病人或兒童食用，亦可製成布丁、糕餅，或加工成黏膠或酒精。製粉後的渣滓可當肥料或飼料。

根莖可烤食、蒸食、磨粉。

特徵　多年生宿根性草本，假莖叢生，高約1公尺。地下根莖白色，有節。葉片互生。總狀花序，花白色。蒴果，種子黑褐色。

用途　澱粉料

現況　中南部零星種植，北部亦有但較少。

別名　粉薯、金筍、粉薑、百慕達竹芋、西印度竹芋。

英文名 arrowroot、west-indian arrowroot、bermuda arrowroot。

農民栽培的葛鬱金。

磨製葛鬱金（粉薯）澱粉的招牌廣告（竹崎鹿滿）。

葉片由根莖長出，互抱成假莖。

| 桑科 | *Artocarpus heterophyllus* Lam. | 產期 全年均有，5～9月最多 | 花期 11～3月、8～9月，熱帶地區可周年開花 |

波羅蜜

　　波羅蜜的果實碩大，可重達50公斤，外表密布瘤刺，但吃軟不吃硬，以變軟而散發果香的成熟果才好吃，剖開後應於3日內食用，或取下果肉放入冰箱冷藏增添風味。果肉富含糖分，味甜如蜜，頗似香蕉、甜瓜的綜合口味。在原產地，波羅蜜的美味連印度象都很喜歡，其果實著生部位剛好在大象摘得到的高度，摘下後即丟到地上踩破，再用鼻子撿起果肉食用，而隨著象糞排泄出來的種子將會發芽長成新的波羅蜜。

　　全株含有白色乳汁，在婆羅洲有人用它來黏捉小鳥。木材不變形不翹裂，為熱帶用材，供製家具、樂器或雕刻佛像。心材橙黃色，在泰、緬地區有用來染製僧衣。未熟果可當蔬菜，亦可製罐；成熟果脫水乾燥之後味道更甜，是台東的名產之一。

　　種子富含澱粉和蛋白質，烘烤或煮熟後風味似菱角、栗子，營養豐富，為熱帶居民所喜食，亦可磨粉食用。

特徵　常綠喬木，高4～20公尺，老樹的樹徑可達1.5公尺。單葉，互生，全緣。幼芽外包覆2片托葉，旋即脫落。雄花序著生在枝端或葉腋，雌花序著生樹幹或樹枝。多花果，外表有刺蝟狀突起。種子40～180粒，假種皮柔軟味美可食。

用途　澱粉料、染料

現況　嘉義、台南、高雄、屏東、台東較多。

別名　波羅、天波羅、木波羅、牛肚子樹

英文名 jack-fruit、jack tree

成齡樹常結果在樹幹，果亦較大。

切開的果實和種子

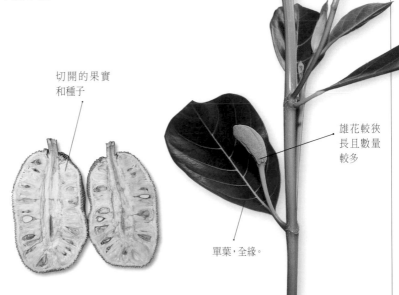

幼芽外包覆托葉

雄花較狹長且數量較多

單葉，全緣。

| 蓮科 | *Nelumbo nucifera* Gaertn. | 產期 1. 蓮子：6～10月；2. 蓮藕：7～1月 | 花期 5～9月 |

蓮

　　蓮生於淤泥中，花朵清新潔淨不受污染，被佛教、印度教視為聖潔的植物，廣植於東方，從熱帶國家到寒冷的俄羅斯均有栽培。歷代詠蓮的文章極多，尤以周敦頤的〈愛蓮說〉最知名，並建立起它「君子花」的地位。

　　古稱「芙渠」，全株有氣孔相連故稱為「蓮」，花稱為「芙蓉、菡萏」，現在則通稱為蓮花或荷花。地下莖稱為「藕」，花謝後形成蜂窩狀的「蓮蓬」，內有果實數粒稱為「蓮子」。

　　品種極多，台灣最常見的為採收蓮子用的「見蓮」，花朵粉紅色，花謝後約20天採收蓮子，亦可掘藕，但藕小只適合切片晒乾，或磨成藕粉沖泡食用，主要產地為台南白河，栽培面積約占全台之40％。蔬菜用藕蓮也稱為「菜蓮」，花朵白色，藕大但澱粉含量不高，適合烹調、煮湯。主要產地如嘉義民雄、桃園觀音。

　　一般民眾常把「蓮」和「睡蓮」誤認為同一種植物，傳統的植物分類系統也將蓮、睡蓮視為同科，但目前的研究已將它們完全分開，並認為蓮科和睡蓮科毫無親緣關係。

雌蕊位於花托之中

花瓣

雄蕊

花托會發育成
蓮蓬

播種前先磨破硬殼
再泡在水中，較容易
發芽。

發芽的蓮子

特徵 挺水性多年生草本，全株有白色乳汁。地下莖（藕）橫臥水底，有中空的通氣孔。葉片圓盾形，葉面有蠟質。葉柄細長，內有通氣孔，外有短刺。花單生，花梗有刺。萼片粉綠色，花瓣約24片。雄蕊40～400枚。雌蕊位於花托中。堅果（蓮子）約20～30粒，成熟時落入水中。

用途 澱粉料、藥用與保健料

現況 台南最多、嘉義、桃園、苗栗、新北市、高雄次之

別名 荷花、蓮花、芙蓉、芙蕖、菡萏、君子花

英文名 1. 蓮：east indian lotus、lotus；
    2. 蓮藕：lotus roots

蓮的地下莖
分生情形

尚未細磨的粗粉

葉片圓盾形

葉柄有刺

葉面有蠟質

見蓮採收後，篩選分級。（台南白河）

左：製粉用見蓮。右：切片用見蓮。

禾本科	× *Triticosecale* sp.	產期 3～4 月	花期 1～2 月

黑小麥

　　黑小麥為普通小麥與黑麥人工雜交，再經過秋水仙素處理使染色體加倍而成，為作物育種家歷經數十年心血，克服無數次失敗而創造出來的作物，被譽為20世紀最具代表性的育種成果。

　　通常小麥的產量高，蛋白質含量多，但不耐寒且抗病性弱；黑麥有較強的抗逆境能力，但食味欠佳。兩種作物在田間能自然雜交，但其後代如同馬和驢配對出來的騾，並無生育能力。黑小麥兼具雙親的優點，類似小麥但比較強壯，具有較高的蛋白質和營養價值，在貧瘠的地方也能生長。1972年台中區農業改良場首先自美國引進，發現植株不易倒伏，麥穗大而長，產量不亞於小麥，而且風土適應性強，除了適合和水稻輪作，亦可當作山坡地牧草栽培。

黑小麥開花，自花受粉為主。

　　黑小麥的營養價值和烘培品質比黑麥麵粉優，國際間的評價亦高，中國、德國、波蘭等國已有少量生產。黑小麥對於溫帶國家的意義較大，但還不能取代小麥，大多是當作飼料、牧草或覆蓋植物。

　　台灣的麥類栽培很少，黑小麥更屬於稀有作物。筆者曾試種觀察，93年11月1日播種，11月7日發芽，94年1月22日開花，之後未再澆水只靠下雨，生長依然很好，管理頗為容易。4月16日陸續收成，5月中旬因連日陰雨而穗上發芽。

黑小麥結穗情形

特徵　外部形態介於雙親之間。一年生草本，高約100公分。葉片較小麥長而厚，葉色較深，被茸毛，葉鞘有蠟粉層。複穗狀花序，麥穗比小麥大，芒較小麥長。自花授粉為主。每1小穗3～4粒穎果，較小麥大，紅色或白色。不易脫粒。

用途　澱粉料

現況　農學單位之外幾乎無種植

別名　小黑麥

英文名 triticale

黑小麥穗型類似小麥

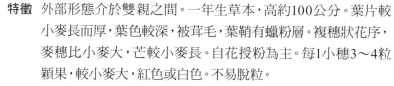
收穫後的黑小麥

禾本科	*Avena sativa* L	產期 1～3月	花期 12～2月

燕麥

　　燕麥原產於地中海至中亞一帶，是溫帶地區常見的穀類作物，因為內、外穎形似分叉的燕尾，故名。喜涼爽濕潤，忌高溫乾燥，德國人曾用它來飼養軍馬，目前以俄羅斯、加拿大、波蘭、澳洲、芬蘭、美國種得較多。

　　1936年由日本引進台灣，試種於畜產試驗所恆春分所，但一直沒有大面積栽培。民國63年政府設立酪農專業區，燕麥的生長勢強，病蟲害少，管理省工，營養豐富，成為冬、春季節乳牛的重要青刈飼料（以新鮮莖葉當作牧草）之一，栽培面積曾高達1000公頃。但目前已很少見。

燕麥開花，花序頂生，分成15-18小枝，小穗柄彎曲下垂。

　　在溫帶國家，燕麥於秋天或春天播種。台灣適合10～11月播種，3月中旬莖葉枯黃、穗粒黃熟時收穫。去殼、蒸熟，可壓製「燕麥片」，富含燕麥精及球蛋白，品質佳，可煮成燕麥粥，能降低膽固醇，被視為健康食品。或加工為快熟燕麥，釀造啤酒、威士忌。可磨粉，但不含麥膠，不適合製造蓬鬆的麵包。台灣所需燕麥以澳洲進口為主。

　　燕麥的品系極多，台灣引進的還有「紅燕麥」（*Avena byzantina*），多作為青刈飼料，是冬季重要的牧草。

內、外穎形似分叉的燕尾，故名燕麥。

特徵　一年生草本，稈高約100公分。分蘗極多。葉片互生。葉舌短圓，周圍有鋸齒。複總狀花序，鬆散下垂狀，長20～30公分。小穗柄彎曲下垂，每一小穗有2～4朵花，但只有1-2朵會結實。自花受粉為主。穎果。約開花後1個月成熟。

用途　澱粉料、藥用保健料

現況　新竹湖口

別名　普通燕麥

英文名 oat、common oat

碾製後的燕麥片，營養高而易消化吸收，適合老人、嬰兒食用。

由左至右：燕麥、小麥、黑麥、大麥、稻、小米。

紅燕麥原產於南歐，較普通燕麥耐旱耐熱。

| 禾本科 | *Coix lacryma-jobi* L. | 產期 春作 7～8月、秋作 11～12月 | 花期 5～6月、9～10月 |

薏苡

中藥材上，蓮子、芡實、茯苓、淮山合稱為「四神」，其中芡實的產量較少，可用薏仁代替。薏仁就是由薏苡碾製而成。

原產於越南、泰國、緬甸一帶。日治之前，屏東、高雄、台南的原住民即已開始栽培、食用。早期農家多採旱田直播，管理粗放，每公頃產量僅1.5公噸，利潤不大，農民種植意願不高。台中區農業改良場自日本引進選育出新品種，並比照水稻插秧方式育苗，注重施

左：去掉總苞和薄皮的薏仁，表面有一道溝。
右：帶著總苞的穎果。

肥、除草與葉枯病防治，從播種至抽穗約70-80天，再經60～70天，等莖葉枯乾，大部分的總苞成熟變色即可機械採收，產量提高至2～4公噸。

收穫後的薏苡為圓滾滾的硬粒（總苞），脫穀後為糙薏仁（俗稱紅薏仁），糙薏仁再精白為胚乳（俗稱薏仁），富含澱粉，口感Q彈，可煮粥。其蛋白質和脂肪含量在禾穀類中是最高的，並含有石灰質和磷質，為滋補強身食品。亦可磨粉烘製麵包、麵條、糕餅、饅頭，或釀酒、製醋、醬油、味噌。收穫後的莖、葉，可當牲畜的飼料。

國產薏仁不足所需，市場上的薏仁多為泰國進口，外觀白色，顆粒較大。另外，超市進口的珍珠薏仁、小薏仁、洋薏仁等，其實是「大麥」，可由包裝上的英文名稱（barley）來辨別。

特徵 多年生草本，莖直立有節，節上會長出不定根和蘗芽，高1～2公尺。單葉，互生，葉鞘包稈而生。總狀花序，雄花自總苞（外殼）中伸出，雌花為總苞包覆，只露出柱頭，通常3枚，只1枚能結果。穎果，成熟時連同總苞掉落。

用途 澱粉料

種植 彰化二林、雲林四湖、嘉義朴子、台中大雅、苗栗苑裡較多

別名 薏仁、薏珠子、草珠兒、薏米、鴨母珠、菩提子

英文名 job's tears、adlay、pearl barley、adlay millet、coixseed、tear grass

成熟轉色的薏苡，可以採收。

含有薏苡成分的保養品：化妝水、美白精華液、美白乳液、嫩白皂。

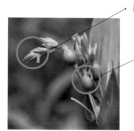

雄雄同花序，雄花自總苞中伸出，雌花只露出柱頭。

雄花

雌花

禾本科	*Eleusine coracana* (L.) Gaertn.	產期 8～11月	花期 6～9月

龍爪稷

　　龍爪稷的外型很像牛筋草，兩者同屬，有親緣關係，推測是不同種的牛筋草自然雜交而成的作物。起源於非洲，在當地有很長的栽培歷史，目前以印度南部邁索爾（Mysuru）栽培最多，烏干達、尚比亞、索馬利亞、蘇丹、尼泊爾等國亦有栽培。

　　為短日性C4型植物，耐瘠抗病，可在其他穀類難以盛產的環境生長。喜溫暖，耐濕耐旱，春播或秋播均可，生育期約125天。根據《本草綱目》所載：「…（抽穗開花後）簇簇結穗如粟穗而分數歧，如鷹爪之狀，有細子，如黍粒而細，赤色。其秤甚薄，其味粗澀。」成熟期不一致，可分批採收，脫粒、乾燥後貯藏。籽粒粳性或糯性，為一部分非洲和印度人的主食之一，可煮粥，或磨粉後作糕餅、麵包，也可釀啤酒、入藥，能補中益氣，治胃疾。

結實如拳爪，簇生於稈端。

　　中國主要栽培於長江以南、河南、陝西及西藏，但分布零星。在台灣也很少見。抽穗前莖葉柔嫩，適合割取作青飼料，適口性好，為牛羊馬所喜食。莖葉可編籃、帽或作造紙原料。

特徵　一年生草本，莖稈直立多分蘖，高50～100公分，光滑無毛。葉片互生，長30～60公分。穗狀花序，長5～10公分，3～7穗如雞爪狀簇生於稈端，直立或彎曲。囊果，圓球形，長約1.5mm，成熟褐色，皮薄。籽粒紅或黃色。

用途　澱粉料

現況　台北植物園曾栽培展示

別名　穇子、穇、龍爪粟、鴨爪稗、雞爪穀、非洲黍

英文名 finger millet、ragimillet

果穗成熟的龍爪稷

開花前，外型似牛筋草。

成熟轉色的龍爪稷

籽粒黃色的品種產量較高

| 禾本科 | *Oryza sativa* L. | 產期 一期稻：4〜7月；二期稻：8〜12月 | 花期 3〜6月，7〜11 |

稻子

　　稻子是台灣最重要的作物，也是大多數亞洲人的主食，品種非常多，大多栽種在水田，稱為「水稻」。其實也有一些需水量較少的「陸稻」又稱「旱稻」，可生長在灌溉不便之地，如花蓮部分原住民種植的紅糯米、黑糯米即屬之。

　　稻米所含的營養以澱粉為主，為人體熱量的主要來源。依澱粉成分不同，可分為秈稻（米形細長）和粳稻（米形較橢圓）。東南亞如泰國栽培以秈稻為主，粳稻較耐冷涼所以可適應緯度較高的地區。日治時代，日本人因吃不習慣台灣原有之秈稻（在來米），於是引進粳稻試種，改良成功後再推廣到全台各地，稱為「蓬萊米」。目前台灣的稻田約有九成是粳稻。秈稻和粳稻都有黏性較強的糯米品種，俗稱「尤米」。

　　稻米除了食用，尚可釀酒（如清酒、米酒、紹興酒）、醋、紅糟；碾製後的米糠可製油；稻稈可做飼料、堆肥、編織、造紙；碳化後之稻殼可當栽培介質、活性碳。

小型包裝米，適合送禮。

國外販售的米糠油

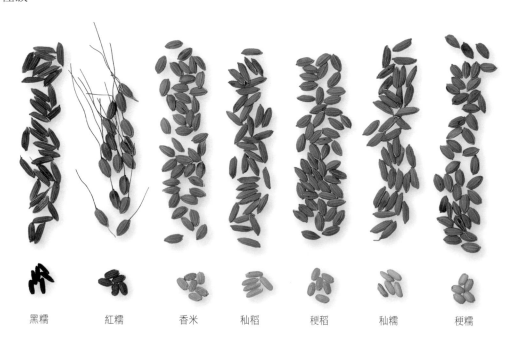

黑糯　　紅糯　　香米　　秈稻　　粳稻　　秈糯　　粳糯

特徵 一年生草本，高45～70公分，幼苗分蘗性強，常叢生成簇。葉互生。複總狀花序，兩性花，自花授粉為主。穎果，種子1粒。

用途 澱粉料、油料、編織料

現況 全台都有種植（澎湖、基隆除外），以雲林、彰化最多。

別名 稻、稻米、大米。

英文名 rice、paddy rice；

蓬萊稻：japonica rice；

在來稻：india rice；

陸稻：upland rice。

穎果

少數品種有芒

大多早上10～12點開花，屬風媒花，自花授粉為主。

葉互生

莖桿分蘗成叢

鬚根系

水稻生育期間最需灌水

以蓬萊米為原料釀製的清酒

禾本科	*Panicum miliaceum* L.	產期 5 ～ 11 月	花期 4 ～ 10 月

黍

　　黍是一種古老的作物，可能原產於中國或印度，在我國已有4,000多年的栽培歷史，商朝時已用黍釀酒。常栽培於黃河流域、東北等地區。目前以俄羅斯和中國栽培最多，印度、阿根廷、美國、澳洲、日本、法國等國也有栽培。

　　在台灣，黍主要種植於花蓮等地，泰雅族、鄒族朋友亦零星種植，其來源可能是由早期漢人所傳入。

　　黍可以煮飯、煮粥。為中國北方主要的糯性食物，磨粉後可製糕餅，為節慶常用食品。亦可製糖漿、麥芽糖、酒精、黃酒和啤酒。黍可用來包粽子，稱為「角黍」。部分品種的穗稈可當小型掃帚。也可以當飼料，莖稈可當牛的飼草。

　　葉片的氣孔比小麥、燕麥小而少，故比較耐旱，大多種植於半乾旱地區。和其他穀類一樣，栽種環境的日照、排水須良好。春至秋季均可播種，因品種不同，播種後60~130天收穫。

特徵　一年生草本，全株有茸毛。莖稈單生或叢生，高50~150公分。單葉，互生，每稈7~16片葉。
　　　　圓錐花序，頂生，密穗、側穗或散穗。自花授粉為主。穎果，成熟外殼褐、黃等色。

用途　澱粉料

現況　花蓮等地零星種植

別名　稷、糜、黃粟

英文名　broom-corn millet

黍開花，圓錐（複總狀）花序。　黍結穗情形

台北植物園栽培的黍

種子比粟（小米）略大，稉性或糯性。

禾本科	*Secale cereale* L.	產期 3～4 月	花期 1～3月

黑麥

黑麥可能原產於阿富汗、伊朗、土耳其，最初為麥田中的雜草，當小麥被引進北歐時，黑麥種子也伴隨進入，後來代替了一部分的小麥成為糧食作物。依栽培方式，可分為春播型及秋播型，秋播型為麥類中最耐寒的一種。以俄羅斯、波蘭、德國為主要產區。

生性強健，對於貧瘠、寒冷的適應力強，一些大麥、小麥無法耕作的地區，黑麥仍能生長良好。但是當環境條件改善時，農民還是放棄黑麥而改種小麥，因此栽培面積有縮減的趨勢。

黑麥麵粉沒有具彈性的麵筋，較小麥麵粉強韌、顏色較深，製成的麵包俗稱黑麥麵包（Rye Bread），口感扎實，富含膳食纖維，為歐洲人喜愛的健康食品。黑麥亦可釀啤酒、威士忌、伏特加，或製造酒精。至於市面上被當作健康飲料的「黑麥汁」，其實是用烘培過的大麥芽製成，和黑麥並無相關。黑麥可單獨或混合大麥、玉米、燕麥當作飼料。莖葉可當作青飼料、牧草或綠肥。莖稈可編織草帽。

黑麥開花時，若寄生一種麥角菌，會使麥粒畸形，稱為「麥角 ergot」，吃多了會讓人手腳潰爛，嚴重時必須截肢，但適量使用可幫助血管收縮，為外科手術之止血藥，亦能當迷幻藥。

台灣的黑麥於1958年由美國引進，早期在中海拔山區為牧草、糧食兼具之作物，但並未普及。

特徵 一年生草本，根系發達，可深入土中120~180公分，故耐旱耐瘠。高可達100公分。單葉，互生，葉鞘通常為紫色或褐色。穗狀花序。穎果，易與內外穎分離。

用途 澱粉料

現況 農學院校零星種植

別名 裸麥

英文名 rye

抽穗中的黑麥

異花授粉為主，風媒花。

穗軸4棱狀，每節有1個小穗，共約40個小穗，每1小穗通常有2個籽粒。

黑麥幼苗

| 禾本科 | *Setaria italica* (L.) P. Beauv. | 產期 5～8 月為主、11～12 月次之 | 花期 3～5 月、10～1 |

小米

　　小米原產於中國，為一種古老的作物，品種不少，古人將穗大毛長的稱為大粟（粱），穗細毛短的稱為小粟 (粟)；北方通稱為穀子，南方稱為小米。成語「滄海一『粟』」、「黃『粱』一夢」中指的都是小米。脫殼後可供炊飯、煮粥，為重要的糧食作物。台灣以屏東、台東、花蓮、高雄等地的原住民種植較多，春、秋兩季適合播種，總面積達3百多公頃。

　　小米用途廣泛，可混合豆類磨粉或配合小麥麵粉烤製麵包，飼養十姊妹等小型雀鳥時也常以小米作飼料，其莖稈柔軟耐貯，亦可當牲畜飼料或牧草。小米是原住民重要的作物，在感謝豐收的慶典中常製成祭品，含糯性者則製成麻糬。小米釀成的酒味道較辛辣，電影《海角七號》中的小米酒取名「馬拉桑」，為阿美族語「酒醉」之意。

小米的籽實為禾穀類中最小的

小米開花，花小不明顯。

搗小米的達悟族原住民

成熟下垂的小米

特徵 一年生草本，高100～170公分，莖稈直立中空，綠或紫褐色，分蘗數不多，極少分枝。葉片互生。圓錐花序，著生於莖稈頂端。自花授粉為主。穎果，成熟時褐、黃或白色。

用途 嗜好料、澱粉料

現況 台東達仁最多、太麻里、屏東霧台、台東海端次之

別名 粟、粱、穀子、禾

英文名 foxtail millet、italic millet、millet

高雄市茂林區多納村的小米吊飾

小米酒味道較辛辣

嘉義縣阿里山鄉的小米麻薯

葉片細長，互生

鬚根系

原住民朋友整地後播種小米（台東知本）

禾本科	*Triticum aestivum* L.	產期 3 月為主	花期 1 ～ 2 月

小麥

不適合煮食,多半磨成麵粉。

　　小麥原產於伊拉克兩河流域一帶,約有七千年的栽培歷史。由於殼皮較硬,粉質較黏,不適合煮食,多半磨成麵粉,為溫帶國家最重要的農作物。可分為冬小麥和春小麥兩大類,以冬小麥的產量較高,麵粉品質亦較佳。栽培種如:普通小麥,適合製作麵包;硬粒小麥,適合製作通心麵。

　　台灣人向來以稻米為主食,極少種小麥,97年統計只有66公頃,以台中市大雅區栽培最多,收穫後的麥粒經過冷藏,10~11月時送交給金門的農友種植。金門的小麥面積超過1,000公頃,全由酒廠以保證價格收購,當作釀造高粱酒之酒麴。最近本島栽培逐漸增加,可加工磨製麵粉。

　　台灣每年約需進口一百萬公噸的麵粉,所需麥粒幾乎都由美國海運而來。依其蛋白質含量,可分為低筋麵粉、中筋麵粉和高筋麵粉。低筋麵粉適合製餅乾、蛋糕。中筋麵粉適合製饅頭、水餃等中式麵點。高筋麵粉的蛋白質含量較高,延展性較好,適合製麵包、吐司。

　　小麥除了磨成麵粉,還有很多其他用途,例如:磨粉後的皮屑(麥麩) 可當家畜飼料,麥粒亦可釀製白啤酒、醋和醬油;麥稈可用於手工編織或當作吸管。小麥苗搾汁及小麥胚芽也是健康食品之一。

特徵　一年生草本,莖稈中空,高70～120公分,有分蘗。葉片互生,葉鞘上的葉耳和葉舌都很小。複穗狀花序,自花授粉為主。每1小穗通常只有 2 粒穎果(麥粒) 。

用途　澱粉科、嗜好料、纖維料

現況　金門最多、台南學甲、台中大雅、彰化大城較少。

別名　麥仔

英文名 wheat

小麥在台灣本島屬於稀有作物

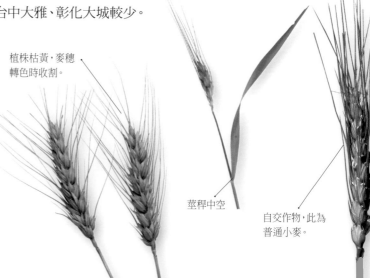

植株枯黃,麥穗轉色時收割。

莖稈中空

自交作物,此為普通小麥。

| 蓼科 | *Fagopyrum esculentum* Moench | 產期 1～2月 | 花期 11～12月為主 |

蕎麥

　　蕎麥可能原產於黑龍江流域、貝加爾湖附近。在北方，春夏秋3季均可種植，生長快速而產量穩定，當其他穀類受災無法復耕或短期間內急須有收成時，往往被視為救災備荒作物。以俄羅斯、中國生產最多。

　　日治時代引進台灣，但不普遍。經過台中區農業改良場的改良和農政單位推廣，透過契作，於10～11月二期水稻收割後播種，1～2月收穫，加工為蕎麥粒（煮粥飯）、蕎麥麵粉（做糕餅、麵條、餃子皮、饅頭）、蕎麥雪花片（沖泡牛奶或加糖飲用）、蕎麥麵（煮食、炒食、涼拌）等。蛋白質含量和玉米相當，醣類與燕麥類似，脂肪含量高於小麥，營養豐富。在日本，蕎麥是很受重視的食品，被應用於高血壓、中風之預防等用途。

　　可分為「甜蕎麥」（普通蕎麥）、「苦蕎麥」（*F.agopyrum tataricum*，印度蕎麥、韃靼蕎麥）兩種，前者即一般的蕎麥。後者味苦，有菌根，以前常當作綠肥，彰化縣大城鄉有產銷班專業栽培，生產苦蕎麵、苦蕎茶、苦蕎仁、苦蕎粉等產品。

　　花朵潔白，花數多且開花期長，富含蜜液，配合養蜂可輔助授粉，提高產量，蜂蜜味香品質佳，為重要的蜜源植物。

特徵　一年生草本，高80～120公分，具4～6分枝。圓錐（蕎麥）或總狀（苦蕎麥）花序，由葉腋抽出，花被5片，白色或粉紅色。瘦果，3稜，成熟時黑褐色。

用途　澱粉

現況　彰化大城、二林、台中大肚、花蓮玉里、卓溪、台東關山、長濱、苗栗苑裡、台南佳里

別名　普通蕎麥、甜蕎麥、荍麥、烏麥、花蕎、山毛櫸麥子

英文名 buckwheat

紅花蕎麥，可食用，亦可觀賞。

開花後50～70天，大多數的果實成熟變黑，即可收穫。

苦蕎麥，可做綠肥，亦可採收籽實。

單葉，互生，略呈
3角狀戟形。

蕎麥的種子

| 茄科 | *Solanum tuberosum* L. | 產期 1～3 月 | 花期 3～6 月 |

馬鈴薯

　　馬鈴薯原產於南美洲安地斯山區，剛傳入歐洲時，許多人認為它有毒而不敢吃。法王為推廣馬鈴薯，令人在各處購地種植，四周架設高牆，公告這是國王的御食不准偷竊，卻不派人看守，有人好奇的偷挖回家煮食，發現滋味不錯，後來才慢慢普及起來，目前世界各地普遍栽培。

　　富含蛋白質，品質比大豆蛋白質佳，亦有維他命B1、B2、C、礦物質、菸鹼酸，熱量較白米飯低。為美國、西歐、北歐等溫帶國家的主食，也是製作薯條的原料。除此之外，也可製太白粉、薯泥、咖哩配料，或磨粉後加工成酒精、葡萄糖，在俄國曾蒸餾釀成伏特加酒，亦可做飼料。花姿美麗，可當作觀賞植物，但台灣平地栽培不易開花。

　　台灣的馬鈴薯主要當作蔬菜，近年來有愈來愈多的農民以契作方式生產馬鈴薯，供應國內薯條、洋芋片業者加工所需。

進口的馬鈴薯

剛採收的馬鈴薯

特徵　多年生宿根草本，栽培時當作一年生作物。地上莖高0.3～1公尺，圓形或有稜，多分枝。地下莖匍匐土中，先端肥大形成塊莖。奇數羽狀複葉，互生。聚繖花序，5瓣，白、粉紅、紫、藍色。漿果，球形。種子多數。

用途　澱粉料

現況　雲林斗南、虎尾、嘉義新港；台中后里、神岡、潭子；雲林斗六、嘉義溪口。

別名　洋芋、山藥蛋、荷蘭薯、土芋

英文名　potato、irish potato

馬鈴薯製成的太白粉

長日照條件下較易開花

羽狀複葉

禾本科	*Zea mays* L.	產期 1. 飼料玉米：2月、9月較多；2. 食用玉米：全年	花期 全年

玉米

　　600年前，原產於東半球的稻米、小麥、大麥尚未引進美洲，當地的印地安人以玉米磨粉當作主食，並用來祭神。那時候甘蔗亦未引入，玉米也用來製糖和釀酒。不過當時的玉米尚未經過改良所以果穗很小。哥倫布將玉米帶回西班牙後，歐洲人稱這種新的食物為「印地安穀」，傳入東歐、西亞後又有「希臘米」、「土耳其麥」、「亞細亞小麥」等不同的名稱，來到中國則稱為「番麥」。

觀賞用玉米

　　玉米的總產量和稻米、小麥相當，並列為世界3大農作物。原屬於熱帶作物，現今因為育成高產量之雜交品種並配合機械化管理與採收，目前以溫帶國家如美國種植最多，產量最高。品種相當多，依照胚乳的特性可分成硬粒種、馬齒種、爆裂種、甜質種、軟質種等；依照用途可分成「飼料玉米」、「食用玉米」和「青割玉米」3大類。飼料玉米可作牲畜的飼料，少數用來製粉、搾油、釀酒或製酒精。台灣每年栽培數千公頃的飼料玉米，但因需求量大，仍需進口約五百萬噸。

美國紐約自然史博物館展出的不同品種玉米

爆裂玉米
主要用來爆玉米花

飼料玉米
主要當作飼料

甜玉米
主要當作蔬菜

　　台灣最常見的是食用玉米，食用玉米包括「甜玉米」（超甜玉米）、「白玉米」和「糯玉米」等，主要供煮食或製罐。青割玉米可當作乳牛的芻料，於果穗乳熟期全株採下切段供牲畜食用，長期餵食可提高乳牛的泌乳量及牛乳風味，而且有益牛隻健康。

特徵　一年生草本，有支柱根。莖稈實心，高0.7～3公尺。葉片互生，共10餘片。雄花序頂生圓錐狀，雌花序腋生總狀，玉米穗外層有苞葉，中間為堅硬的穗軸，穗軸上著生18～24列的穎果（玉米粒）。

用途　油料、澱粉料、糖料

現況　1. 飼料玉米：台南最多，嘉義次之。
　　　　2. 食用玉米：全台均有，雲林、嘉義最多

別名　玉蜀黍、番麥、包穀

英文名　corn、maize、indian corn；
　　　　1. 飼料玉米：feed corn；
　　　　2. 食用玉米：food corn、green corn；
　　　　3. 青割玉米：forage corn。

葉全緣

青割玉米適合當作乳牛的芻料

食用玉米是國人喜愛的蔬菜

玉米開花，屬風媒花，容易天然雜交。

棕櫚科	*Areca catechu* L.	產期 12～5 月均有，1～2 月最多	花期 7～8 月，南部比北部花

檳榔

　　每年夏天，西北雨之後，中南部果園常常傳來陣陣的芳香，原來是檳榔花盛開了。檳榔可能是由馬來方言pingang轉音而來。台灣的檳榔是由荷蘭人自南洋引進，俗稱「菁仔」。許多農家都把檳榔種在土地邊際當作界標，兼具經濟價值。

　　市場上習慣將檳榔分為白肉及紅肉兩類，以白肉檳榔較受歡迎。採收時先整串割下，清點果粒數量後在果梗上刻畫記號，交給盤商配售。檳榔樹的頂芽及幼嫩的花序可食用，味道像竹筍，俗稱「半天筍」，但性寒，食用太多容易腹瀉。由於砍下頂芽後檳榔樹就會死亡，所以多半利用廢耕、道路拓寬、傾倒的檳榔樹來砍取半天筍。

　　檳榔果實含有丹寧、檳榔素等植物鹼，具麻痺的作用，市售的菁仔又常添加紅灰、荖花等香料，食用過多對人體有害。檳榔的種子可當褐色染料，但使用並不多。葉子可用於草編、晒乾的葉鞘可當扇子。

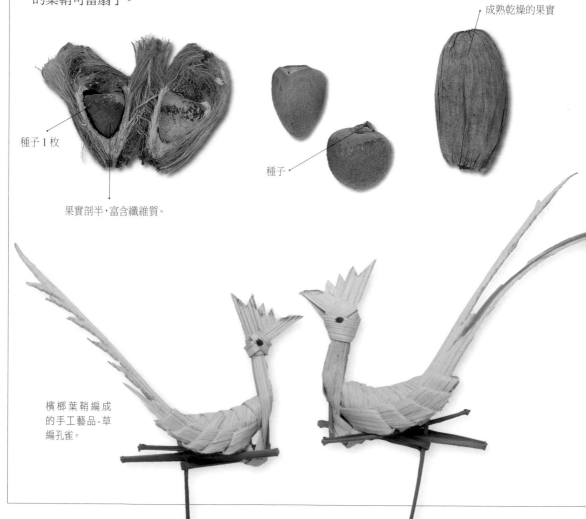

成熟乾燥的果實

種子 1 枚

種子

果實剖半，富含纖維質。

檳榔葉鞘編成的手工藝品-草編孔雀。

特徵 常綠喬木，樹幹直立不分枝，高15～20公尺，莖幹上有環紋。羽狀複葉，頂生於莖稍，長約2公尺，小葉約20對，可用來做草編。肉穗花序，多分枝。雄花密生於分枝頂端，雌花疏生於分枝基部。花淡黃色，有芳香。核果，種子1枚。

用途 嗜好料、染料、纖維料

現況 南投最多、屏東、嘉義次之，除了澎湖之外，其他各縣市幾乎都有栽培。

別名 菁仔、青仔、仁頻、螺果

英文名 betel nut、betel palm、areca nut、pinang、penang。

葉片剝落的環紋

成熟變黃的檳榔

羽狀複葉，頂生於莖鞘。

大麻科	*Cannabis sativa* L.	產期 5～7 月	花期 1～5 月

大麻

　　大麻是台灣禁止栽培的植物，屬於二級毒品，但非法種植、持有、吸食的事情時有所聞。

　　人類栽培大麻的歷史可以回溯到數千年前，當時是剝取其莖皮結繩或織成麻布，重要性和養蠶的「桑樹」相當，在糧食不足的荒年還會採收種子煮食充飢。

　　依據用途，可分為3大類：

　　（一）油用大麻：此類大麻的「四氫大麻酚（THC）」含量低，種子可搾油，稱為大麻籽油（hemp seed oil），具食品或工業用途。在國外，已應用於化妝品保濕、食用油。富含「大麻二酚（CBD）、不飽和脂肪酸Omega-3，可抗氧化、保護心血管。

　　（二）藥用大麻：此類大麻的植株較小而分枝多，含有高量的THC，可製成麻醉藥，吸食過多會產生「見鬼狂走」的幻覺。根據英國醫學期刊The Lancet估計，2009年全球有1億2500萬至2億300萬人違規使用大麻。但若是含有高CBD的品種則可應用於醫療用途，例如抑制嘔吐，減低化療病人的痛苦。目前僅加拿大、烏拉圭、南非等極少數國家將醫療用途或娛樂用途的大麻合法化，荷蘭等國家則是經過政府許可的企業可以合法出售大麻。

　　（3）纖維用大麻：中國、義大利、波蘭、捷克、俄羅斯、日本等溫帶國家有栽培，以義大利

解說教育用途的大麻（法國巴黎）

醫療用途的大麻（日本東京）

大麻的雌花

的品質最好。植株高，主莖長、分枝少，等下部枝葉凋謝、上部枝葉變黃時採收。自基部割斷，去葉、捆紮，即可製纖。纖維光澤如絲，耐水耐久，強度高於亞麻和棉花，但麻質粗硬，缺乏撓性和彈性，不易漂白。可用於紡織、編繩、漁網線、帆布、麻袋、包裝布、造紙。

美國超市販售的大麻籽粉，營養豐富好吸收，被當成健康食品

特徵 一年生草本，高1～4公尺不等。掌狀複葉，互生或對生，小葉3～13枚，葉緣鋸齒狀。雌雄異株，雌花序為穗狀，雄花序為複總狀。小堅果，種子1粒。開花結籽後即枯黃死去。

用途 纖維料、藥用與保健料、油料、嗜好料

現況 禁止栽培

別名 火麻、漢麻、線麻、苴、枲

英文名 hemp、marijuana

大麻的雄花

掌狀複葉，揉之有刺鼻味。

種子具有花紋，稱為火麻仁，可入藥。

大麻科	*Humulus lupulus* L.	產期 8～12月	花期 6～10月

啤酒花

　　許多人喜歡喝啤酒，啤酒的主要原料是發芽的大麥，也可以是小麥、玉米或其他穀類。啤酒特殊的芳香和苦味，來自於啤酒花，由德國人率先於啤酒工業中添加，並已成為不可或缺的原料。

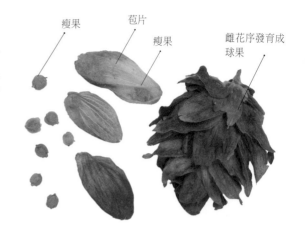

瘦果　苞片　瘦果　雌花序發育成球果

　　啤酒花原產於歐洲高加索地區，英文稱為hops，音譯為「忽布」，雌花序用於釀造啤酒，故稱為「啤酒花」。雌花序的苞片基部有密密麻麻、帶著黏性的蛇麻腺（lupulin gland），俗稱「黃粉」，含有苦味質、芳香油和單寧，經過低溫乾燥萃取，是啤酒釀造所需的重要成分。在蒸煮麥芽汁的過程中添加啤酒花，最初是為了靜菌與防腐，後來變成是以調味用途為主。

　　台灣曾於1984年引進，試種於南投縣魚池鄉一帶，開花結果正常，採下後烘乾或製成蛇麻花丸，即可備用。但可能是成本、風味或氣候環境等綜合考量，菸酒公司並未和農民契作，所需原料均靠進口。美國、德國、俄羅斯、捷克、英國、中國、日本等溫帶國家都有經濟栽培。

啤酒花是釀製啤酒必備的原料

　　啤酒花喜冷涼乾燥，日照宜充足。耐寒不耐熱，夏天不宜高出20℃。可播種繁殖，但通常是3～4月取帶有芽眼的地下莖扦插繁殖，需設支柱拉線引導攀爬。筆者曾於93年10月8日播種，11天發芽，94年2月地上部枯萎進入休眠，4月萌芽，5月22日移植至陽明山平等里一戶農家，但不久即枯死。96年9月贈送種子給台大

雌花序，由30～60枚苞片組合成，會發育成果實。

成熟轉色的球果，以開花後42天收穫最佳。

梅峰農場，播種後順利發芽並長大，每回上山，都會特別去關心它的生長狀況。

　　啤酒花亦可添加於麵粉中製作麵包，或入藥，有健胃之效。莖皮纖維可用於造紙原料。

特徵　多年生蔓性草本，莖蔓叢生，可長達6～9公尺，全株有細毛與小鉤刺。單葉，對生，掌狀3～5深裂或，葉緣鋸齒狀。雌雄異株，雄花為圓錐花序，雌花為穗狀花序。每2朵雌花外覆1枚苞片，授粉後苞片增大變薄，整個雌花序呈下垂的球果（hop cone）狀，成熟時褐色，搖動時有沙沙聲。每1枚苞片內有2個瘦果。

用途　嗜好料

現況　南投縣魚池鄉曾試種，但目前無經濟栽培

別名　忽布、蛇麻

英文名 Hops

發芽中的地下莖

雄株開花，具授粉功能。

枝端具纏繞性

單葉，對生。
掌狀缺裂，鋸齒緣。

莖枝上有細毛與小鉤刺

莖蔓叢生纏繞的啤酒花

錦葵科	*Theobroma cacao* L.	產期 全年均有，3～6月為主	花期 全年，9～4月最多

可可

　　情人節時，許多人喜歡以巧克力傳達情意，巧克力是由可可的種子製成的。早在3,000年前，亞馬遜地區的原住民就已將可可豆磨粉泡水飲用，因為不加糖，喝起來帶有苦味。可可豆還可當作錢幣，據說十顆種子可交換一隻兔子。

　　為典型的熱帶植物，冬天的寒流可能使樹體受寒害，須適度保溫。播種或扦插繁植，熱帶地區定植3～4年後即可周年開花結果。為幹花植物，每年在樹枝或樹幹上開出成千上萬的小花，約生產一百顆果實。種子去皮焙炒後碾製成可可醬、可可粉，再加入砂糖、牛奶、色素、香料調味即成巧克力。

　　台灣在日治時代曾試種可可，後來因為太平洋戰爭爆發以致荒廢，而且缺乏巧克力加工技術，可可豆全靠進口。目前屏東萬巒、內埔近山地帶種植很多，已有農家量產自製巧克力，其他南部的縣市也有跟進的趨勢。

特徵 常綠小喬木，高3～8公尺。單葉，互生，全緣，光滑無毛。幹生花，下垂性，常3～6朵簇生，花萼、花瓣各5枚。果實有10個稜，並有疣狀突起，成熟時橘黃色，內有30～40粒種子（可可豆）。

用途 嗜好料

現況 屏東內埔、萬巒、長治、竹田、嘉義中埔

別名 巧克力樹

英文名 cacao、cocoa、chocolate tree。

可可開花，下垂狀，酷似一頂頂的降落傘。

可可豆是巧克力的原料

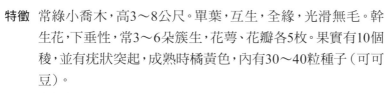

葉全緣，光滑無毛

結實纍纍的可可樹

巧克力是情人示愛的禮物

| 胡椒科 | *Piper betie* L. | 產期 全年 | 花期 12～3月較多 |

荖藤

　　荖藤，古名蒟子，其子實可做醬，又名蒟醬，葉、果穗均可入藥，據《廣志》記載：「蒟子，蔓生，依樹。子似桑椹，長數寸，色黑，辛如薑。」是檳榔族嗜食的配料，檳榔切開後，裹上石灰、荖花（荖藤的果穗）、色素等，再以荖葉（荖藤的葉片）包裹即成「台灣口香糖」，有特殊風味，但由於吃檳榔對健康不好，因此不鼓勵種植。

　　原產於馬來西亞、印度、印尼等熱帶地區，台灣南部低海拔森林中亦有野生。中南部和東部栽培頗多，尤以台東縣最多，面積達一千多公頃。以扦插繁殖，節間會著生氣根，可攀附在檳榔幹、水泥柱、竹竿，加以人工綁縛固定。生產荖花者應雌雄株混合種植，可幫助授粉提高產量。

特徵　多年生藤本，可攀緣生長達6公尺。單葉，互生，全緣。雌雄異株，穗狀花序，單性花，無花瓣，開花時不明顯。漿果，球形，與花序軸合生成肉質果穗。

用途　嗜好料

現況　1. 荖藤：南投、高雄、台南；
　　　　2. 荖花：台東、南投、屏東、台中、彰化；
　　　　3. 荖葉：台東、彰化、南投、屏東、嘉義、台南

別名　荖葉、荖花、荖草、蒟醬、枸醬、扶留、扶留藤

英文名　betel pepper、betel vine、betel

黑網室中栽培的荖葉

葉心型，全緣。

荖藤的果穗

栽植期間需立柱供其攀附生長

罌粟科	*Papaver somniferum* L.	產期 5～7月	花期 1～5月

罌粟

　　說起罌粟，就想起鴉片，這種改變中國歷史的植物是禁止栽培的，一經查獲必將入獄，始終蒙著神秘的面紗。

　　屬名Pap意思是會分泌白色樹液的植物，種小名somnifer為催眠之意。罌粟屬植物之間可人工雜交，園藝品種極多，幾乎各種花色都有，在國外常應用於庭院、花壇、盆花。

　　根據《本草綱目》記載：「秋種冬生，嫩苗作蔬食甚佳…3四月抽薹結青苞…花凡四瓣，大如仰盞…3日即謝，而罌（果實）在莖頭…宛然如酒罌（酒甕）。中有白米（種子）極細，可煮粥和飯食…亦可取油。其殼入藥甚多…。」顯見罌粟的實用價值還不少。

　　《台灣通史》記載：「種自印度…割取其漿以為阿片（鴉片）…光緒間，嘉（嘉義）、彰（彰化）二邑有種之者…請准民間自種…」、「台灣之阿片，始於荷蘭之時…台灣通商，以洋藥（鴉片）為大宗，每年進口售銀四、五百萬兩…劃出官莊，准民自種，照例納稅…」，可見當時的官府曾經奏准讓農民栽培，並課稅納管。

　　將未成熟的果實劃傷，會流出乳汁，味道苦苦的，凝固後就是「生鴉片」，再經加工處理即為「熟鴉片」。含有嗎啡、可待因等成分，可製成海洛因。在醫療上，嗎啡可幫助病人止痛，可待因則是廣為使用的止咳劑。

　　種子無毒，可搾成罌粟籽油，亦為調味料，加入米中共煮，可增加飯的香味。國外的麵包師喜歡在鮮奶油裡加入罌粟籽，或製成鴉片麵包，帶有胡桃香。

罌粟開花，4瓣，有著絲絨般的質感和深色花心，極易凋謝。

輕輕劃傷果皮，會流出乳汁。

特徵 一或二年生草本，高約60公分。葉片互生，葉緣粗鋸齒狀。花單生於枝梢，4瓣，白、粉紅、紅、紫色等色，花心常有色斑。雄蕊多數。蒴果，種子細小如粟（小米）。

用途 調味料、藥用保健料、油料、嗜好料

現況 禁止栽培

別名 鳥煙、阿芙蓉、罌子粟、米囊花、大煙花

英文名 opium poppy、papaver

國外販售的罌粟麵包

巴黎植物園的罌粟

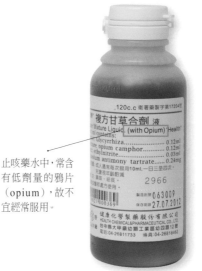

止咳藥水中，常含有低劑量的鴉片（opium），故不宜經常服用。

種子細小如粟　　　　果殼如酒罌

禾本科	*Hordeum distichum* L.	產期 3 月為主	花期 1 ～ 2 月

大麥

　　大麥原產於中亞到西藏之間的山區高原，古稱為麥或牟，小麥傳入後才改稱「大麥」。由於殼皮較軟，適合煮成飯粥，稱為麥飯，自古以來就是重要的糧食。大麥對鹽鹼的耐受性為穀類中最強，二百多年前先民墾台時，曾在雲林北部近海區墾植大麥並搭寮而居，這個地區就是今天的「麥寮」鄉。

　　大麥可分為「二稜大麥（*Hordeum distichum* L.）」及「多稜大麥（*Hordeum vulgare* L.）」。前者含澱粉較多，適合釀造啤酒、威士忌；後者含蛋白質較多，適合作飼料、麥片、麥茶，尤其適合餵豬，著名的「金華火腿」，其豬隻飼料中就含有較高比例的大麥。西藏高原一帶的作物「青稞」是藏人的傳統主食，亦為多稜大麥的一種。由於大麥的麥膠極少，而且不似小麥的麥膠強勁，較少磨成麵粉。栽培釀酒用大麥時不宜施用過多的氮肥，早期公賣局曾以台產的大麥來釀啤酒，可惜農民常施用過多的氮肥使麥粒蛋白質含量過高，後來停止收購大麥，改從澳洲進口。

　　大麥發芽時可製成「麥芽糖」，烘炒過的麥粒也可煮成「麥仔茶」。大麥的莖葉甘美容易消化，可當作家畜的芻料。台灣所需的麥粒、麥片幾乎都由澳洲進口。

葉耳大而明顯

二稜大麥
開花

二稜大麥

六稜大麥

特徵　一年生草本。莖稈中空，高約100公分，每株分蘗
　　　3～6或更多。葉片互生，葉耳大而明顯。穗狀花
　　　序。自花授粉為主。穎果，抽穗後約40天成熟。

用途　嗜好料、澱粉料

現況　彰化二林、台南鹽水較多，不常見。

別名　麥仔、麰、牟

英文名　barley

二稜大麥適合釀造啤酒

大麥釀成之威
士忌與啤酒

裸大麥　　　　　皮大麥

麥芽糖，可由
發芽的大麥與
蒸煮過的糯米
發酵製成。

烘炒過的大麥，可煮
成麥仔茶。

多稜大麥適合作飼料或煮飯

| 禾本科 | *Sorghum bicolor* L. Moench | 產期 本島以 5 ～ 8 月為主，金門以 10 ～ 12 月為主 | 花期 4 ～ 10 月為主 |

高粱

說起金門總會聯想到高粱酒，而高粱酒也以金門為代表，金門酒廠每年營業額超過百億，縣府因此稅收至少30億。當地高粱田密度之高冠於全台各鄉鎮，有時還有馬路上晒高粱的特殊景觀。

具有耐旱、耐瘠的特性，早期本島很少種植，僅零星栽培收取籽實養鴨，或以穗稈綁製成掃帚。後來經過台中區改良場的改良與推廣始有大面積栽培，常和玉米混合作為飼料，但栽培似乎越來越少，107年全台灣的栽培面積僅約12公頃，而在金門是屬於最重要作物，栽培面積超過一千公頃。

高粱開花，為兩性花。

高粱屬於熱帶作物，部分品種在溫帶地區（如大陸東北）的暖季亦可種植。除了釀酒，亦可煮粥，或當作製粿和糕餅、醬油、醋、染料、採蠟的原料；莖稈晒乾可做燃料。

台南東山的高粱田

特徵 一年生草本，莖稈實心，高1〜2.5公尺，有或無分蘗，表面常有白色蠟粉。單葉，互生，葉緣平直，表面平滑無毛。圓錐花序，花序緊密、半散開或散開狀，兩性花。穎果，白、黃或褐色。

用途 嗜好料、纖維料

現況 金門最多、高雄大樹、苗栗苑裡、屏東泰武也有但不多。

別名 蜀黍、蘆黍

英文名 1. 高粱：sorghum、great millet、kaoliang；
2. 帚用高粱：broomcorn

聞名中外的金門高粱

帚用高粱，花序開散，部分農家仍有零星栽培，當作掃帚。

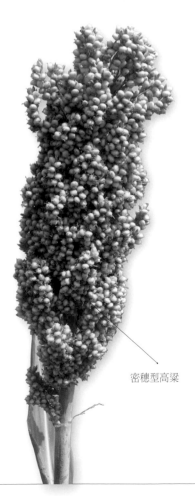

密穗型高粱

茜草科	*Coffea arabica* L.	產期 9～1 月	花期 3～5 月為主

咖啡

　　咖啡是全球最受歡迎的飲料之一，含有咖啡因，具刺激性，枝葉晒乾亦可泡茶飲用。早期以阿拉伯回教國家栽培較多，目前各亞熱帶或熱帶均有栽培，尤以巴西栽培最多，產量最大。

　　台灣早在日治時代即推廣種植咖啡，咖啡豆以外銷為主，光復後因國人飲食習慣不同銷量極少，咖啡園乃逐漸荒廢。近年來「台灣咖啡」又開始流行，各縣市幾乎都有栽培，但大多數咖啡豆仍靠進口，廠商通常混合各種比例的咖啡豆調和出不同的風味。

　　品種相當多，可分為阿拉伯咖啡、大葉咖啡、賴比瑞亞咖啡三個系統以及雜交種四大類。其中以阿拉伯系統的風味最佳，產量最多，台灣流行的品種即屬之。咖啡於果色變紅即可採收，通常每1～2星期手採一次，共分4～5次採收。經過脫皮、發酵、洗滌、晒乾、去殼、去膜、烘培成為咖啡豆，再經研磨成咖啡粉。

　　台灣的氣候很適合種咖啡，有興趣的讀者可以在花市買到苗木，種在庭院或大花盆中，體會咖啡成長、開花、結果的樂趣！

採下的咖啡，應即脫皮、發酵。

成熟轉紅的阿拉伯咖啡

筆者自行種植、採收的咖啡。

特徵 常綠灌木，常修剪成高2～3公尺，主幹直立，側枝橫生或略下垂。單葉，對生，全緣，葉緣略呈波浪狀。花期不甚固定，一般是4～5月及12月，下雨或灌溉有助於開花。花開於側枝葉腋，5瓣，白色，芳香。漿果，成熟時暗紅色。種子2粒，有時1或3粒。

用途 嗜好料

現況 屏東、南投、台東、嘉義、高雄、花蓮、台南較多。

英文名 coffee

光滑無毛，葉緣略呈波浪狀。

咖啡開花，有茉莉花的香味。

▲脫皮→去殼→去膜→烘培成咖啡豆

成熟期不一致，以手採最佳。

| 茄科 | *Nicotiana rustica* L. | 產期 7～8 月 | 花期 11～2 月 |

黃花菸草

黃花菸草幼株，葉片心形。

　　早期菸酒公賣局和菸農契作的都是紅花菸草（普通菸草）中的黃色種（熱烤後菸葉色澤鮮黃），黃花菸草台灣未曾量產，但台北植物園曾展示栽培。

　　黃花菸草原產於祕魯、厄瓜多境內的安地斯山區，墨西哥和西印度群島的印第安人很早就用來作嚼菸，或於巫術儀式中當作迷幻藥。它的株型比普通菸草矮小，環境適應性較強，除了一般平地，也能在高海拔、冷涼、乾旱的地區栽培，主產於中亞、印度、越南。經由西伯利亞傳入中國後，以新疆、甘肅等地栽培較多。

　　菸葉採收後須經調製、加工才可販售。依調製方法，分為烤菸（如一般香菸）、晾菸（如雪茄的芯葉、水菸、鼻菸、斗煙）、晒菸（如雪茄的外包葉）、燻菸（如鼻菸）四大類。黃花菸草以晒製為主，可整株採收，也可按照葉片成熟度分批採收。

　　相較於普通菸草，其葉片較小而厚，腺毛較多，尼古丁含量高達4～9%，喫味辛辣且菸味濃烈，是嚼菸、捲菸、斗菸、水菸的重要原料。但味道不佳，經濟價值不若普通菸草。也可以用來製造殺蟲劑，當作有機農藥。

特徵　一年生草本，全株有短腺毛。莖直立多分枝，高60～90公分。葉約10-15片，互生，葉柄長5～10公分，葉片心形，葉片較小，長約30公分。花序頂生，花色淡黃或淡綠。蒴果，種子多數。

用途　嗜好料

現況　台北植物園曾栽培展示，農家未見栽培

別名　阿茲特克煙草、濃煙草

英文名　rustica tobacco、aztec tobacco

花形較短，淡黃色或淡綠色，故名。

株高1公尺以下，葉柄較長。

| 茄科 | *Nicotiana tabacum* L. | 產期 12～2 月 | 花期 11～2 月 |

菸草

　　近年來公共場所普遍禁菸，不論香菸、雪茄，都是用菸草（紅花菸草）的葉子製成的。菸草原產於美洲，哥倫布發現新大陸時，發現當地人用一種稱為tobago的管子吸菸，英文名tobacco即由此而來。目前已成為分布最廣、最具經濟價值的嗜好類作物。台灣早在荷據期間即開始種菸，彰化縣芬園鄉古名「芬園新莊」，即因當地曾有許多菸田（「菸」和「芬」閩南語同音）而得名。

　　台灣的菸草專賣制度於日人治台後開始實施，採契作制，菸酒公司（改制前為菸酒公賣局）預估生產地區、面積、產量後和菸農訂約並提供種子，由菸農負責種植、管理、採收與烤製，菸酒公司負責香菸後製。為了避開颱風期，菸草多於秋天播種，農曆年前採葉，剛採下的菸葉含水量多，須經烤製，此時菸樓外總會飄散出陣陣的香味，等菸葉變色、乾燥後分級打包，即可送交菸廠製菸。

　　菸葉中含有尼古丁，是一種劇毒的成分，可當殺蟲劑，具有麻醉作用，因此吸菸容易上癮，而且有害健康。

特徵　一年生草本，全株有短毛，腺體會分泌黏性樹脂。莖粗大直立少分枝，高約2公尺，摘芯後高約1.1公尺。葉片互生。摘芯後葉片約14～17片。聚繖花序，花萼綠色。蒴果，成熟時咖啡色，種子2,000～3,000粒。

用途　嗜好料

現況　台灣菸草採契作制，非台灣菸酒公司委託，一般不得隨意種菸製菸。但目前已無契作。

別名　紅花菸草、普通菸草、煙草、相思草、妖草

英文名　tobacco

菸農採葉忙

菸葉編聯、吊掛，烤製後即可打包。

葉柄不明顯

菸葉具黏性

花5瓣，合生成筒狀漏斗形，自花授粉為主。

花萼

菸葉含有尼古丁，有害健康。

種子細小，咖啡色。

| 茶科 | *Camellia sinensis* (L.) Ktze. | 產期 2 ～ 11 月，春秋兩季較多 | 花期 10 ～ 3 月 |

茶

茶農採茶忙

　　喝茶的文化起源於中國，一開始是供藥用，據傳神農嚐百草「日遇七十二毒，得茶而解之」，到了漢朝漸漸成為飲料，元朝時紅茶經由絲路傳入中東和歐洲，受到當地人的喜愛，成為重要的外銷農產品。

　　茶可分為「小葉種」及「大葉種」二大類。台灣栽培的幾乎都是前者，品種如青心烏龍、台茶12號、13號等，適合製烏龍茶、綠茶、包種茶。大葉種原產於印度阿薩姆，適合製成紅茶，以南投縣魚池鄉生產最多。國際市場以紅茶為消費大宗，斯里蘭卡是最大的茶葉出口國。

台茶12號金萱

　　剛摘採下的茶菁中含有許多水分和酵素，應盡速攤開在日光或熱風中萎凋，使水分蒸散、酵素氧化，稱為「發酵」。依發酵程度，可分為不發酵茶（如綠茶）、部分發酵茶（如包種茶、烏龍茶）、完全發酵茶（如紅茶）。亦有加入茉莉、桂花等薰香，或以佛手柑、蘋果等加味的花果茶。

南投鹿谷小半天的茶園

　　近年來農村勞力不足、工資高漲，茶葉外銷減少但喝茶人數增加，加上易開罐、瓶裝茶飲及茶包風行，台灣每年尚需進口兩萬噸以上的茶葉。

　　茶樹的栽培應避免開花結果，近年來部分茶園因為疏於管理，改以採收種子供搾油，搾油後的油粕可當肥料或洗潔劑。

新竹北埔客家擂茶

特徵　常綠灌木，高可達5公尺，常修剪成1公尺高以下便於管理。單葉、互生，葉緣鋸齒狀。嫩芽有毛。花單生或2～4朵簇生於葉腋，5瓣，白色，有香味。蒴果，種子1～5粒。

用途　嗜好料、油料、洗滌料

現況　南投、嘉義、新北市、桃園、台中、新竹較多

別名　茶樹、茗

英文名　tea

種子也能用來搾油

大葉種阿薩姆茶，適合製紅茶。

茶開花，為異交作物，雄蕊200多枚。

2011年台北花博展示的茶酒與茶皂

葡萄科	*Vitis vinifera* L.	產期 6～8月、12～2月	花期 3～4月、9～10月

葡萄

　　葡萄是世界上產量最大的果樹，約占所有果品總產量的五分之一，其中83% 是用來釀酒（葡萄酒、白蘭地），以義大利和法國生產最多，其次是製作葡萄乾、當水果鮮食或做成果汁。

　　葡萄有上萬個品種，主要分為歐洲葡萄、美洲葡萄和兩者之雜交種三大類。國人熟知的巨峰葡萄屬於兩者雜交之鮮食用品種，亦可釀酒。台灣主要的釀酒用品種為金香（成熟時黃白色，釀白酒用）、黑后（成熟時紫黑色，釀紅酒用），果粒小，味道較酸而帶澀但不會太甜，鮮食的口感其實也很不錯。釀酒後的皮渣可提取酒精、酒石酸、食用色素、飼料；種子可榨油。

特徵　多年生落葉性藤本，莖枝細長不能直立，藉由叉狀的卷鬚纏繞生長。葉片與卷鬚對生。圓錐花序，花5瓣。漿果，果皮有白粉，種子1～4粒或無籽。

用途　嗜好料、油料

現況　金香葡萄：彰化二林、台中后里最多；黑后葡萄：彰化二林、台中外埔、后里較多。

別名　蒲陶、草龍珠、賜紫櫻桃

英文名　grape

葉呈掌狀，葉緣鋸齒狀。

金香葡萄，適合釀造白葡萄酒。

葡萄開花，每花序有小花數十朵或更多。

釀紅酒用的黑后葡萄

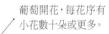

| 菊科 | *Guizotia abyssinica* Cass. | 產期 12～3 月 | 花期 11～3 月 |

小油菊

　　小油菊為近年來常見的景觀綠肥作物，以花東縱谷一帶栽培較多，花朵像鱧腸菊但植株直立，花型似向日葵而迷你，亦稱為「小葵子」。

　　適宜秋天播種，播後45～60天開花，花期可達60天。抗旱耐瘠，病蟲害不多，各地均可種植。開花期間極易吸引蜂群，為良好的蜜源植物。盛花期翻埋入土，可當作含鉀量較高的綠肥。

　　原產於衣索匹亞高原，現今以印度、東南亞栽培較多，當枝葉變黃、果序變褐、瘦果變黑而發亮即可採收，晒乾脫粒後可搾油。其亞油酸高於其他植物油，屬於可降低膽固醇的好油。除供食用，還能製成肥皂、油漆、潤滑油；搾油後的油粕可當飼料、肥料。

特徵　一年生草本，高50～150公分，莖直立中空易折斷，分枝性強，節間易長根。葉片對生，無柄。頭狀花序，單生於莖或分枝頂稍，直徑約3～4公分。瘦果，黑色，具光澤。

用途　綠肥、油料

現況　花蓮、台東、台中、台北、金門

別名　小葵子、油菊、印度油菊、尼給菊

英文名　ramtilla、niger seed、ethiopian guizotia

開芯於莖梢或分枝頂梢

鋸齒緣

花似小一號的向日葵

瘦果長約3.5～5公釐，黑色，具光澤。

葉片對生，無柄。

莖枝常帶紫色，易從葉腋長出側枝。

小油菊花海，盛花期可達60天。

| 十字花科 | *Brassica campestris* L. | 產期 1～3 月 | 花期 11～3 月 |

油菜

　　小時候坐火車回鄉下過年，總會經過一片又一片的黃色花海，好美啊！後來才知道這就是油菜花。油菜是台灣最知名的綠肥作物，通常在二期水稻收割時撒種任其長大開花，春耕整地時翻埋入土化作有機肥。油菜籽撒在哪，將來就在哪落地生根，所以舊時常用「油麻菜籽」、「菜籽命」來形容農業社會女子婚嫁由他的無奈。

　　早期台灣栽培的屬於小油菜，以綠肥用途為主，光復後引進大油菜，兩者種子均可榨油，稱為「菜籽油」。菜籽油的芥酸含量高，不易吸收消化且營養價值較低，以工業用途為主，可應用於鑄鋼、紡織、橡膠業。後來育成低芥酸、零芥酸的品種，菜籽油的品質和價值大為提高，產量激增，可供人造奶油、沙拉油之用。油菜遂和大豆、落花生、向日葵、油棕並稱為五大油料作物。榨油後的籽餅富含蛋白質、氮、磷、鉀，可當作肥料及飼料。

　　嫩葉可做蔬菜，花朵多，花期長，含有豐富的花粉和花蜜，是冬天最佳的蜜源植物。

特徵　一年生草本，單葉，下部的葉有柄，上部的葉無柄。總狀花序，花4瓣，黃色。長角果，種子15～25粒。

用途　綠肥、油料

現況　1.綠肥：全台均有，花蓮、台中、雲林、彰化、台東、苗栗最多。2.油菜籽：台南佳里、嘉義六腳、高雄甲仙。

別名　1.小油菜：蕓苔
　　　　2.大油菜：西洋油菜

英文名　油菜 rape；油菜籽 rapeseed

花4瓣，花數多，富含蜜汁。

油菜的長角果

油菜開花是冬天最美的田園景緻

混合油菜籽和葵花籽的食用油

| 豆科 | *Astragalus sinicus* L | 產期 2～4 月 | 花期 1～4 月 |

紫雲英

　　紫雲英原產於秦嶺、淮河以南地區，長江流域種得很多，是稻田冬季休耕時重要的綠肥作物，種植面積曾占全中國綠肥總面積的70%。幼嫩莖葉自古即當作蔬菜食用，稱為「苕饒」。

　　性喜冷涼，以9～10月播種最佳，中北部冬季適宜種植，播種後約3天發芽，由於莖葉茂密，生長期間覆蓋於土壤表面可減少水分蒸發，防止土質流失。播種後約3個月開花，花朵富含蜜液，可當作蜜源植物。通常於盛花期或開始結莢時翻埋入土作為綠肥。翻埋之前亦可當作牲畜的牧草，於開花期間收割最好，大陸上常用來餵豬及養兔，富含蛋白質。亦可不翻耕留供觀賞，但天氣轉熱時植株會自然枯死。

　　紫雲英的花姿和名字一樣柔美，但近幾年來種得很少，民國97年統計為42公頃，106年只剩7.9公頃。

特徵　一、二年生草本，高10～25公分，根含根瘤，主根明顯。莖基匍匐狀，上部直立或彎曲，分枝2～3個。羽狀複葉，互生，小葉5～11對。總狀花序，花梗極長，蝶形花冠，5瓣。莢果，成熟變黑裂開，種子4～10粒。

用途　綠肥

現況　彰化二林、台中后里較多，台北動物園亦有

別名　紅花草、翹搖、翹饒、苕饒

英文名　milk vetch、chinese milk vetch

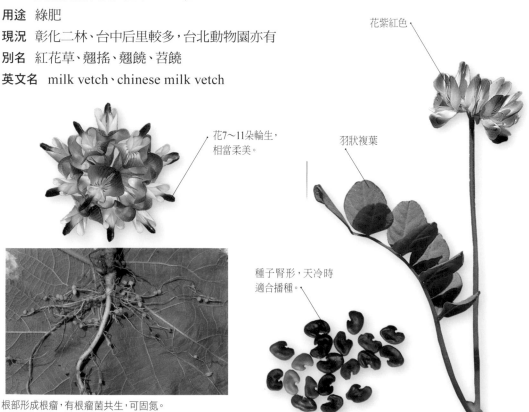

花紫紅色

花7～11朵輪生，相當柔美。

羽狀複葉

種子腎形，天冷時適合播種。

根部形成根瘤，有根瘤菌共生，可固氮。

| 豆科 | *Crotalaria juncea* L. | 產期 7～8 月、12～2 月較多 | 花期 全年均有 |

太陽麻

　　有一次在嘉義拍攝太陽麻，一對遊客剛好經過：「哇！好漂亮的油菜花啊！」我趕快告訴她：「這是太陽麻，不是油菜花。它也可以做綠肥，但是長得比較高。」其吸睛魅力可見一斑。

　　原產於印度、巴基斯坦，性喜溫暖溼潤，耐旱，世界各熱帶地區都有栽培，日治時期引進台灣。春、夏、秋季均可播種，為蔗田常見的綠肥之一，具景觀美化效果，翻打入土腐爛後可化作有機肥，國內栽培面積已達一萬多公頃。在國外亦有採收其莖皮纖維，編製繩索、布袋或織布。

　　太陽麻的果實成熟時，輕輕的搖動果梗，種子摩擦會發出響尾蛇般的鈴聲，所以也稱為響鈴豆。

特徵　一年生草本，全株有細毛。莖直立有分枝，高1～2公尺。單葉，互生。總狀花序，開於枝梢或葉腋，蝶形花冠，黃色。莢果橢圓形，有毛。種子腎形，6～15粒。

用途　綠肥、纖維料

現況　各縣市都有，台南、雲林、桃園、嘉義、花蓮、彰化、台東最多。

別名　菽麻、印度麻、響鈴豆

英文名　sun hemp

太陽麻花海

種子腎形

單葉，狹長形。

果實成熟時，輕輕的搖動果梗，會發出響尾蛇般的鈴聲。

總狀花序，由12～20朵黃色花朵組成。

葉片互生

豆科	*Lupinus luteus* L.	產期 2～4 月	花期 2～4 月

黃花羽扇豆

　　看過電影《魯冰花》嗎？魯冰為拉丁語lupus（狼）的音譯，意指這類的植物會糟蹋土地。但事實正好相反，因為魯冰花的根部有根瘤菌共生，具固氮作用，可翻埋入土化作有機肥。

　　魯冰花又稱為羽扇豆，原產於溫帶地區，性喜冷涼氣候，以10月前後播種較佳。直根系不耐移植，以直播為宜，露地栽培較佳，但盆花栽培亦無不可，5月後的高溫潮濕易使植株枯死。本屬的植物共有數百品種，花色豐富，白、黃、藍、紫等色均有，為溫帶國家常見之花壇植物，其中以黃花羽扇豆最適應台灣平地與低海拔氣候，適合與茶樹間作，為北部茶園推廣的綠肥作物。位於桃園埔心的茶葉改良場每年均會種植一片黃花羽扇豆當作採種園，亮黃的花色往往吸引過客的目光。

特徵　一年生草本，全株有茸毛。莖直立，高50～100公分。掌狀複葉，互生，小葉7～11枚。總狀花序，頂生。蝶形花冠，黃色，每花序35～60朵不等，每株可生長3穗以上的花序。莢果，種子有或無斑點。

用途　綠肥

現況　桃園埔心有採種田，阿里山、台北市文山區等各茶區零星種植。

別名　魯冰、魯冰花

英文名　yellow lupine

▲各種羽扇豆的種子，有或無斑點，大小不一。

總狀花序，頂生。

掌狀複葉，故稱羽「扇」豆。

茶葉改良場的魯冰花海

小葉7～11片

豆科	*Medicago sativa* L.	產期全年均有	花期 2～10 月

紫花苜蓿

　　紫花苜蓿原產於中亞、伊朗，傳入阿拉伯後名為alfalfa，意思是「馬的飼料」。以9～3月最適合播種繁殖，約3天發芽，2～3個月後即可第一次割取，經肥培管理後會重新萌芽。其乾草產量居豆科牧草之冠，富含蛋白質、微量元素和多種維他命，營養豐富，有「牧草之王」的美稱。

　　紫花苜蓿為張騫通西域時和大宛馬一起傳入中國，最初為宮廷御馬的飼草。後來流入民間，成為飼草、綠肥等多用途作物。可青割、放牧、青貯或調製乾草，或與禾本科（如青割玉米）混合餵食乳牛。種子亦可與米飯混煮、釀酒。花為優良蜜源，苜蓿芽可打汁或生菜，嫩葉可食用。再生力強，每年可割取2～6次，最多可連續生長10～20年。

莢果，螺旋狀。

晒乾後經過脫水的乾草磚，可做飼料。

特徵　多年生草本。主根可深達3～5公尺，有根瘤。莖直立，高60~100公分，有5～25分枝。三出複葉，互生，小葉先端鋸齒狀。總狀花序，蝶形花冠，淡紫色。每花序有花8～25朵。莢果，螺旋狀。種子2～6粒。

用途　綠肥

現況　各地零星栽培，並有歸化野生。

別名　苜蓿、紫苜蓿、中東苜蓿

英文名　yam bean、jicama

種子腎形

鋸齒緣

三出複葉。

蝶形花冠，淡紫色。

剛發芽的
紫花苜蓿

豆科	*Sesbania cannabiana* (Retz.) Poir	產期 12～1月、7～8月	花期 7～12月

田菁

　　田菁是台灣栽培面積最大的綠肥作物，尤以二期稻休耕田種的較多，在平地及低海拔地區均能生長良好，在部分地區已逸化野生。

　　原產於東南亞、印度等熱帶地區，極能適應台灣高溫多濕的氣候環境。初春的低溫會使植株生長較慢，因此播種期不宜過早，以5、6月最佳。發芽後1個月即可長高至1公尺，固氮能力強，待莖葉柔嫩多汁尚未木質化時即應翻耕入土，以播種後2～3個月翻耕最佳。

　　台灣栽培的有田菁與印度田菁（*Sesbania sesban* L. Merr.）二種，其中印度田菁的花瓣外側有褐色斑點，莢果下垂而扭曲，小葉較少約10～20對；田菁花瓣外側無褐色斑點，莢果不扭曲，小葉較多約20～40對。但有時候兩者的區分並不明顯。田菁的小葉具有睡眠運動，會在夜晚閉合，花朵則於太陽高掛後才會綻放。其嫩莖葉亦可用來餵養牲畜，泰國人亦以嫩葉入菜；莖皮纖維可製麻繩。

田菁幼苗

特徵 一年生草本，高約2公尺。偶數羽狀複葉，互生，小葉20～40對。總狀花序，3～13朵生於葉腋，花黃色，蝶形。莢果長18～25公分。種子約20粒，黑褐色。

用途 綠肥

現況 各縣市都有，以宜蘭最多、高雄、屏東、雲林、嘉義、彰化、台中、台南次之。

別名 臭青仔、田青

英文名 common sesbania、sesbania

農民翻耕田菁

黃色花朵，具褐色斑紋者為印度田菁。

偶數羽狀複葉

開花初期的田菁，枝幹較軟，適合翻耕。

豆科	*Trifolium alexandrinum* L.	產期 2～3 月	花期 1～5 月

埃及三葉草

　　埃及三葉草原產於非洲東部、地中海沿岸至中亞一帶，曾廣植於尼羅河流域，為埃及最重要的飼料作物，故名。枝葉柔軟多汁，為牛、馬的青飼料，彰化縣秀水鄉即有利用埃及三葉草做為冬季養牛的芻料，於花蕾初現時刈割，割後會再度萌生新莖葉，但因不耐熱，僅11～5月適合生長。

　　埃及三葉草亦可做綠肥作物，於二期水稻收割後播種，或播於果園、旱地，約3天發芽，由於莖枝較直立，覆蓋面積

埃及三葉草是中東及印度重要的豆類作物

較小，因此種植期間較易生長雜草，開花時即可翻埋入土。植株清麗，花朵潔白，亦可當作觀賞植物欣賞。

特徵　一、二年生草本，莖直立多分枝，高約60公分。三出複葉，互生，葉柄長約2公分。小葉細長，約3～4公分。頭狀花序頂生，蝶形花冠，白色，自花授粉為主。莢果，種子細小。

用途　綠肥

現況　彰化、苗栗、台中、新竹。

別名　非洲菽草、亞歷山大三葉草

英文名　egyptian clover、berseem clover

三出複葉

葉柄長

埃及三葉草結果，莢果小不明顯。

豆科	*Trifolium pratense* L.	產期 2 ～ 3 月	花期 全年均有，4 ～ 5 月為主

紅花三葉草

　　紅花三葉草為歐洲、美國東部、紐西蘭等海洋性氣候區重要的牧草之一，當作乾草、青貯、牧草、飼料之用。

　　早期引入台灣作為山地果園之固氮、綠肥、水土保持植物，中海拔山區如梅峰農場、武陵農場、梨山、思源啞口等地區已逸化野生，但平地栽培亦能適應。可分株繁殖，播種則以春、秋季較佳，初期生育較慢，越冬後生長速度加快，3月前後開始開花。為多年生植物，初花期至盛花期間收割，每年可收割約2次，以製乾草為主，但蛋白質含量較低且草質較粗糙。若當作綠肥則於秋季播種，初花期翻埋入土。

　　紅花三葉草具有藥效，中醫認為有清熱解痰、散結消腫之效；歐美國家多用於改善婦女更年期綜合徵狀及骨質疏鬆，收穫後宜迅速乾燥萃取。花為黃色染料，花與葉乾燥後磨粉也可混入米飯中食用。

特徵　多年生草本，全株有細毛，葉背尤其明顯。主莖不明顯，分枝10～15或更多，高20～60公分。三出複葉，互生。小葉長可達6公分，中央有V字形白紋。總狀花序圓頭狀，直徑約3.5公分。蝶形花冠，長約1.6公分，每花序由40～90朵花組成。莢果，種子1粒。

用途　綠肥、染料、藥用與保健料

現況　各地零星栽培，部分中海拔地區逸化野生。

別名　紅菽草、紅荷蘭翹搖、紅三葉草、紅車軸草

英文名　common red clover、red clover

總狀花序圓頭狀，由40～90朵小花組成。

葉面有V字型白紋

三出複葉，互生，葉柄長2～5公分。

托葉

多分枝，主莖不明顯。

平地栽培的紅花三葉草

| 豆科 | *Trifolium repens* L. | 產期 2～3 月 | 花期 3～10 月 |

白花三葉草

　　白花三葉草原產於中東或南歐，世界各溫帶、亞熱帶地區均有種植，富含蛋白質及粗纖維，營養價值高，為海洋氣候地區的重要牧草。種子硬實，適合保存，也可完整通過草食性動物的消化道，有利於散播與發芽，再加上匍匐莖向四周蔓延，擴展性極強，因此族群綿延不衰。

　　白花三葉草亦是良好的綠肥，早期梨山等中海拔地區果園曾用來做為水土保持的植被，目前已逸化野生，關渡平原、基隆河畔河濱公園、台北市建國南路槽化島等地亦可發現，即使盛夏亦見開花，似乎已完全適應台灣平地的濕熱環境。

　　通常於春季或秋季播種，放牧地可與紅花三葉草、禾本科牧草混播，亦可分株繁殖。在愛爾蘭因為氣候溼潤溫和，到處可見草地牧場，白花三葉草因此被愛爾蘭人選為國花。

特徵　多年生草本，植株光滑無毛。軸根系，入土深達1公尺。匍匐莖貼地生長。三出複葉，互生。小葉長1～4公分，中央有U形白紋，葉緣略呈鋸齒狀。總狀花序圓頭狀，直徑2～2.5公分，總花梗長可達35公分。蝶形花冠，長1公分，每花序由40～110朵花組成，各花之花梗長約0.5公分。莢果，種子約2粒。

用途　綠肥

現況　山區較常見，平地亦有野生。

別名　菽草、白荷蘭翹搖、白花苜蓿、白車軸草

英文名　white clover

葉柄長可達25公分，中空

三出複葉，葉片中央有U形白紋。

種子咖啡色，硬實。

莖葉柔軟而葉多莖少，牲畜喜食。

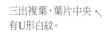

40～110朵花形成總狀花序。

總花梗極長

豆科	*Vicia dasycarpa* Ten.	產期 2 ～ 4 月	花期 2 ～ 4 月

苕子

　　苕子是蠶豆屬的蔓性植物，中部冬季種得較多，為平地、山坡果園的地被植物，亦為二期水稻收割後之綠肥植物，但由於結果量不多，採種成本高，所需的種子以進口為主。

　　原產於歐洲，性喜冷涼，以10～2月播種最適宜，初期生長較慢，越冬後成蔓性匍匐狀，覆蓋效果極佳，可抑制雜草滋生，減少表土沖刷。花朵柔美而成串，可美化田園景觀。於開花期翻埋入土，此時植株柔軟多汁，營養成分也較高，掩埋後容易腐爛分解成有機質。在國外，亦有用苕子作牧草。

　　《史記》記載商朝滅亡後，伯夷、叔齊不食周粟，「隱於首陽山，采『薇』而食之」。「薇」是原生於華北的野豌豆、巢菜等草本植物，和苕子、豌豆同一屬，它們的嫩莖葉均可炒食，為可口的野菜。

特徵　越年生蔓生草本，根有根瘤，全株光滑柔軟，莖四邊形。偶數羽狀複葉，互生，葉端有卷
　　　　鬚。總狀花序，蝶形花冠，紫粉紅色。莢果，有細毛。種子黑或深褐色。

用途　綠肥

現況　台中、彰化、南投

別名　野豌豆、毛莢苕子、毛果蠶豆

英文名　vetch、woolly-pod vedch

葉子末端有捲鬚

開花於葉腋

羽狀複葉，互生。

苕子開花，為浪漫之紫粉紅色。

成熟的果莢褐色

田間栽培的苕子

菊科	*Chrysanthemum cinerariifolium* (Trevir.) Vis.	產期 6～10月	花期 6～10月

除蟲菊

除蟲菊是一種天然、環保的殺蟲劑原料作物。18世紀波斯人即發現紅花除蟲菊具有殺蟲功能，後來證實原產於巴爾幹半島Dalmacija（達爾馬提亞）的白花除蟲菊的作用更強。

適合降雨不多、日照充足的地區栽培。秋天播種，春季定植，第三年開花，可連續生長多年。晴天時將「花朵」採下，晒乾後磨成粉末，含有除蟲菊酯（Pyrethrin）I與II、瓜菊酯（Cinerin）I與II等成分，用溶劑萃取後可做成農用殺蟲劑。這些成分會從昆蟲的氣孔或皮膚侵入，麻痺運動神經、掉落進而殺死害蟲（當然也殃及益蟲），對農作物無藥害，對人畜無毒，使用方便，安全可靠，效果快，1840年起以植物性殺蟲劑名義進軍國際市場。

1885年除蟲菊由美國引進日本，發明出含有除蟲菊酯的蚊香，後來改良成螺旋形的蚊香。除蟲菊酯在陽光下容易被分解，因此不適合戶外除蟲，且最好在傍晚使用。化學合成的除蟲菊精（Pyrethroid）則無此缺點，已經大量的應用於蚊香、剋蟑和其他殺蟲劑。

肯亞、坦尚尼亞、厄瓜多、澳洲的塔斯馬尼亞是主要的產地。歐洲、日本、南亞國家也有栽培。台灣中南部農家曾零星栽培，但不普遍。而且未經萃取，驅蟲效果不佳。

羽狀葉與長長的花梗

筆者曾經試種除蟲菊，96年12月10日播種，6天發芽，有幾棵小苗被蟲子咬死，5棵順利長大。原本預期98年會開花，但遲遲沒有跡象，而且紅蜘蛛危害嚴重。直到100年6月26日開出第一朵花，殷殷期盼終於有了回報。

中間黃色的管花，周邊是白色的舌花。

特徵 多年生草本，高45～100公分。單葉，根出，叢生，有長柄，2～3回羽狀缺裂。花莖細長，高約20公分。頭狀花序頂生。

用途 殺蟲料及驅蟲料

現況 中部農家零星栽培

別名 白花除蟲菊

英文名 pyethrum、dalmatian chrysanthemum、dancing daisy

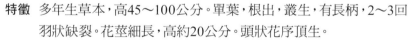

種子細長

羽狀葉，有苦辣味，葉柄細長。

市售的液體電蚊香，含有Prallethrin，屬於除蟲菊精（擬除蟲菊酯）的一種。

| 菊科 | *Dendranthema morifolium* (Ramat.) Tzvel. | 產期 10 ～ 12 月，乾燥品全年均有。 | 花期 10 ～ 12 月 |

菊花

　　菊花是台灣最重要的外銷切花，以觀賞為主，另有小花型的藥用或飲料用品種，總稱「藥菊」，大陸上最著名者為杭菊、亳菊、滁菊、貢菊等，以杭菊最為國人熟知。杭菊的產地其實是浙江桐鄉、嘉興、海寧、吳興等地，並非杭州，茶商為利用杭州的知名度，將桐菊冠以「杭州」之名行銷，故稱杭菊。

苗栗銅鑼九湖村的杭菊花海

　　杭菊亦分很多品種，通常黃菊入藥，白菊入茶。採下蒸後晒乾，沸水沖泡，清香四溢，具有清風散熱、明目解毒、提神利尿、止痢、消炎、降壓、降脂、強身之效。台灣的杭菊以白色為主，盛產於苗栗縣銅鑼鄉九湖村、台東市、太麻里鄉等地。

　　菊花為短日性植物，通常於清明節前後扦插或分株繁殖，10月底日照時數漸短即進入花季。為兼顧景觀效果，菊農多半分次採收花朵，既可吸引遊客參觀消費，亦可分批乾燥販售，增加收益。

特徵 多年生宿根草本，常修剪成高約60公分，全株有短毛。葉片互生，葉緣深裂。頭狀花序，生於枝梢或葉腋，黃色或白色。瘦果常不發育。

用途 藥用與保健料

現況 苗栗銅鑼、台東市、卑南、苗栗西湖

別名 杭菊、甘菊、真菊、金蕊、藥菊

英文名 florist chrysanthemum

白色杭菊，是菊花的品種之一。

乾燥後的杭菊，可沖泡飲用。

黃色杭菊，栽培較少。

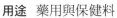

大陸的乾燥菊，可以入藥或泡茶。

葉緣裂深

銅鑼鄉出品的杭菊香皂

菊科	*Echinacea purpurea* (Li.) Moench	產期 秋季	花期 3～10 月為主

紫錐花

　　紫錐花是近年來才引進台灣的菊科作物，原產於北美洲開闊草原，印地安人曾用來治療蛇蟲咬傷、皮膚外傷、牙痛及喉嚨痛。研究發現它具有增強免疫力、抗發炎的功能，為歐美市場銷售前五名的健康食品。其有效成分以根部的含量最高，花與葉次之，但至少須栽培3～4年才有萃取的經濟價值。

　　頗為耐旱，栽培時排水良好可減少爛根，日照充足可減少徒長讓株型緊湊，避免花莖過高。分株繁殖，大面積則播種育苗再定植，播種後約130天開始開花，每株開花10朵以上，花期可持續1～2個月。春至秋季均可開花，花謝後自基部剪去花梗並加以肥培，可促進再度開花。目前台灣栽培以觀賞用途為主，可應用於花壇、切花和盆花。

咖啡色的管狀花呈刺猬狀，但並不會刺人，側看如松果，故又名松果菊。

舌狀花粉紅色

特徵　多年生草本，開花時高約100公分，單葉，卵狀至披針形，粗糙有細毛，3～5脈，下部葉片具長葉柄。花莖有分枝。頭狀花序，舌狀花以粉紅色為主，亦有白花品種。

用途　藥用與保健料

現況　各地零星栽培

別名　紫錐菊、松果菊

英文名　purple coneflower

葉披針狀，長約15~30公分。

紫錐花是歐美有名的保健植物

白花品種的松果菊

菊科	*Silybum marianum* (L.) Gaertn.	產期 4～6 月	花期 3～5 月

乳薊

　　乳薊原產於南歐、俄羅斯南部、西亞和北非，傳說聖母瑪莉亞在餵哺時不小心滴下乳汁在其葉子上，所以乳薊的汁液變成乳白色，又名「聖母瑪莉亞的乳汁」。耐旱亦耐寒，忌高溫多濕，以秋季播種為宜，定植時宜築高畦以利排水，水分過多種子不易飽滿。植株多刺，葉片大型。種子轉為黑褐色即應採收，晒乾後可供萃取。

　　為世界知名的保肝植物，其種子含黃酮類化合物，統稱為水飛薊素（Silymarin），有強大的抗氧化能力，有效成分以水飛薊賓素（Silybin）為主，能保護肝細胞免受自由基破壞、幫助膽汁分泌，並刺激新的肝細胞生長。目前歐美國家早已專業栽培，取其種子萃取製成各種保肝膠囊、錠劑。台灣引進試種生長情形良好，但栽培仍不普遍。

特徵　一年生草本，全株有短毛。葉片互生，無柄，綠色而帶有斑駁白紋，葉緣深裂並有銳刺。開花前抽出花莖，高約100公分，頭狀花序，生於枝梢，花冠粉紅色。瘦果，長卵形，成熟時黑褐色，頂端有冠毛。

用途　藥用與保健料

現況　各地零星栽培

別名　飛薊、奶薊、洋白薊、牛奶薊、水飛薊

英文名　milk thistle

成熟種子的保肝有效
成分最多

花冠粉紅色

苞片有銳刺

葉片帶有白色斑紋為最大特徵

葫蘆科	*Gynostemma pentaphyllum* (Thunb.) Makino	產期 全年均有，秋季較佳	花期 7～10 月

絞股藍

絞股藍這一屬的植物原產於中國秦嶺、長江流域以南地區，以雲南省的種類最多，韓國、日本、越南、印尼等地亦有分布。台灣僅有一種，中低海拔山谷陰濕處較常見，常攀附它物而生。

人工栽培的絞股藍

小葉5～7枚，嚼之有苦味，俗稱「七葉膽」，主要的成分為皂苷，有80餘種，其中6種與「人參」所含的皂苷相同，有類似人參的甘苦味，因此有「南方人參」的美譽。並含有17種氨基酸、蛋白質、脂肪、少量的胡蘿蔔素、維他命B1、B2、E及多種微量元素，其中硒的含量甚多。具抗腫瘤、增強免疫力、促進代謝、生津止渴、涼血降火之效，對於降低血脂、保護心血管、增強體力、保護肝臟、記憶增進有作用。味苦甘、無毒，但性寒，一次勿使用太多。

絞股藍「生田野中，延蔓而生，葉味甜，救飢」，嫩莖葉可當作野菜。一般用法是葉片晒乾後沖泡熱水飲用，近年來已開發為養生酒、茶包、濃縮汁、糖果和餅乾等。

特徵 多年生攀緣性草本，莖細長柔弱，卷鬚與葉對生，單一或二叉。掌狀複葉，互生，小葉3～7枚，葉緣鋸齒狀。雌雄異株，總狀花序，花淡黃綠色。瓜果，綠色，成熟轉黑，小型。種子橢圓形。

用途 藥用與保健料

現況 各地零星栽培與野生

別名 七葉膽、小苦藥、金絲五爪龍、五葉蔘

英文名 fiveleaf gynostemma

晒乾後的葉片可泡茶飲用

掌狀複葉，小葉5~7枚。

未熟果綠色，直徑約0.3公分。

藉由卷鬚攀緣生長

「七葉膽」養生茶包

| 薯蕷科 | *Dioscorea* spp. | 產期 10～2 月 | 花期 6～11 月 |

山藥

　　山藥是自古就有的藥用、食用植物，應用部位為地下的塊莖。可食用的約有50種，其中有些是印尼、新幾內亞、西非部分居民的主食。台灣栽培較多的有大薯（*Dioscorea alata* L.，柱薯、紫薯）、懷山藥（*D. batatas* Decne.，家山藥、長薯）、日本山藥（*D. japonica* Thunb. var. *japonica* Thunb.，薄葉野山藥）、恆春山藥 （*D. doryphora* Hance，戟葉田薯）等。若依照塊莖的外形可概分為「塊狀山藥」和「長形山藥」兩大類。前者的產量通常較高，例如大薯，為世界上分布最廣的山藥；後者的口感通常較細緻，例如懷山藥、日本山藥。

　　山藥為補虛佳品，古稱「薯蕷」，為避唐代宗李豫名諱改稱為薯藥，後來又避宋英宗趙曙名諱改稱為山藥。以產於河南懷慶者最佳，加工後在包裝上寫著「懷山藥」行銷各處。因為「懷」字筆畫較多，為求方便遂用「淮」字代替稱為「淮山藥」，後來乾脆再去掉「藥」成為「淮山」。但只有切乾入藥的才稱為「淮山」，一般菜市場的生鮮品只能稱為「山藥」。

　　山藥富含澱粉、蛋白質，切片或切塊乾燥後可製粉、入藥。亦可生食、炒食、製成甜食、鹹食、煮粥、燉排骨、山藥薯條、冷凍食品。台灣以南投縣名間鄉為最大產地，栽培面積約占全台36%。

特徵　多年生草質藤本，塊莖重2～6公斤不等，肉質白色或淡黃色。春季萌芽，莖具纏繞性（右旋性），4稜。常在葉腋著生珠芽（零餘子）。葉片對生或互生。雌雄異株，以雄株較常見。圓錐、總狀或穗狀花序，花被6片。蒴果3稜，種子有翅。

用途　藥用與保健料、澱粉料

現況　南投最多，彰化、台北、雲林、嘉義、花蓮次之。

別名　薯蕷、柱薯、條薯、大薯

英文名　yam、chinese yam、common yam

莖具纏繞性

長形山藥的口感通常較細緻

塊莖富含澱粉、蛋白質。

可匍匐或立柱栽培

紅皮白肉的大薯，屬於塊狀山藥。

大薯葉片對生，心形或戟形。

大戟科	*Croton tiglium* L.	產期 11～2 月	花期 6～11 月

巴豆

　　《西遊記》故事中，唐僧師徒來到朱紫國，國王久病，不曾登基，乃出榜招醫：「稍得病癒，願將社稷平分」。經過孫悟空懸絲診脈，開出大黃、巴豆二味，混合馬尿搓成藥丹讓國王吞下。不多時，腹中作響，將3年前吃的糯米粽等積漬之物盡皆排出，國王就此病癒。

　　巴豆原產於中國巴蜀一帶，因種子似豆，故名巴豆。印度、東南亞也有分布。早年引進台灣，部分地區已馴化野生，生長於低海拔平野或山麓。全株有毒，種子的毒性最大，不可誤食，以免引起噁心、嘔吐、腹痛。但可入藥，採下果實晒乾去殼即可收集備用。搾出的油稱為巴豆油（croton oil），不論中外，均為著名之通便、緩瀉、排膿用藥，但使用的劑量須經醫師開立，切莫自己抓藥，以免中毒。

　　巴豆油能刺激腸道蠕動，用後不久即產生腹瀉，亦可治胃痛、蛇傷、跌打損傷、止痛或止癢。根部搗碎滴汁入水可以毒魚。葉片可殺蟲或治療濕疹。以播種繁殖，生長快速，耐旱抗瘠，適合庭植、盆栽。

特徵　常綠灌木，高1～3公尺。單葉，互生，三出脈，葉緣鋸齒狀。雌雄同株異花，總狀花序，雌花位在花序基部，其餘為雄花。蒴果，成熟裂開，種子3粒。

用途　油料、藥用與保健料

現況　各地零星栽培

別名　猛樹、猛子樹、貢仔、落水金剛

英文名　croton 、purging croton、croton oil plant

總狀花序，基部為雌花，雄花在上部。

結果枝

嫩葉帶著紅褐色

種子褐色

蒴果，成熟裂開。

| 豆科 | *Cajanus cajan* (L.) Mill. | 產期 2 ～ 3 月 | 花期 10 ～ 12 月 |

樹豆

　　樹豆原產於埃及或印度，熱帶地區廣泛栽培，尤以印度最多，產量占世界90%以上。

　　又稱為木豆，據《交州記》記載：「木豆，出徐聞（今廣東一帶，古屬交州）。子美，似烏豆。枝葉類柳。一年種，數年採。」描述頗為詳細。台灣多栽培於平地、山麓，耐旱性強，繁殖容易，播種後6～9個月即可陸續收成。種子含大量的澱粉、蛋白質，為阿美、排灣、卑南、泰雅等族原住民朋友常用的食物，可與米共煮。花蓮縣光復鄉舊稱「馬太鞍」，意即「樹豆」。但樹豆吃多了容易放屁，也稱為「放屁豆」。種子亦可磨粉、煮湯、榨油；做成豆腐、豆醬、孵豆芽。嫩莢可當蔬菜。

　　豆及根亦可入藥，有清熱、解毒、利水、益氣之效。葉可餵食野蠶，並作綠肥、飼料及蜜源作物。

特徵　多年生常綠灌木，高1～3公尺，全株具短毛。三出複葉，互生。總狀花序，腋生，蝶形花冠，黃色。莢果，種子約2～7粒，黃褐或黑色。

用途　藥用與保健料、綠肥

現況　花蓮較多，其他各地零星種植。

別名　木豆、柳豆、埔姜豆、黃豆樹、鴿豆、放屁豆

英文名　cajan pea、pigeon pea

短日性植物，自花授粉為主。

種子褐色或黑色

三出複葉，互生。

果莢的成熟期不一，常分批採收。

| 豆科 | *Glycine tomentella* Hayata | 產期 8～11 月 | 花期 8～11 月 |

闊葉大豆

　　如果您曾旅行於金門，那麼對於當地的特產「一條根」應不陌生，一條根常用來製成治療風濕症、關節炎、筋骨酸痛的藥膏，為流傳已久的藥用植物。金門的一條根其實涵括許多植物，但以「闊葉大豆」為主，其主根單一少分叉，俗稱「一條根」。

　　闊葉大豆原產於澳洲、新幾內亞、菲律賓、華南，台灣南部低海拔空曠地、金門亦有野生。早年多為野採，晒乾後500公克市價約1,000元以上。在金門縣農業試驗所輔導下，目前農民多有栽培，種後2～3年可採收，為重要的經濟作物。金門栽培的「一條根」以闊葉大豆為主，草根有彈性，輕咬有甘味，可與水共煮飲用；台灣本島市售的「一條根」則是以豆科的佛萊明豆屬（千觔拔屬）為主。

　　闊葉大豆是一種野生的大豆，因種子細小，不具食用、搾油的價值，但對乾旱、貧瘠的適應力較強，可作為「大豆」雜交育種的材料，在中國已被列入「國家重點保護野生植物名錄」中的「珍稀瀕危植物」，不得隨意採集。

金門農民栽培的闊葉大豆

金門市售的一條根

市售的一條根精油霜

特徵 多年生草本，全株具短毛，主根直入土中，長25～50公分，直徑1.5～2公分。莖匍地而生，分枝極多，長約1公尺。三出複葉，互生，小葉橢圓形。總狀花序，蝶形花冠，紫色。莢果，種子1～2粒。

用途 藥用與保健料

現況 金門栽培較多，南部平地零星野生。

別名 圓葉一條根、一條根、闊葉野大豆、長葉大豆、絨毛大豆、短絨野大豆

英文名 woolly glycine

果實於11～1月成熟

三出複葉，小葉橢圓形。

蝶形花冠，紫色。

主根直入土中，分枝不多。

| 豆科 | *Senna tora* (L.) Roxb. | 產期 8 ～ 10 月 | 花期 6 ～ 8 月 |

決明

決明原產於長江以南地區，美洲、亞洲、非洲、大洋洲也有分布。種子為清涼飲料的原料之一，具有清肝明目、利水通便的功能。

台灣零星栽培，中南部亦有野生，常生長於向陽、排水良好之沙質壤土。性喜溫暖不耐寒，冬季植株枯死，3、4月播種為宜，秋季採收成熟果莢，晒乾後打出種子，稱為生決明子，藥性微寒，低血壓或脾胃虛弱者不宜使用。經文火焙炒稱為決明子，比較香，水煮後加冰糖飲用，色黃味香，味道甘苦，藥性溫和不至於太寒，喝起來味道像麥茶。

早在唐代，就有人以決明子加入菊花製成藥枕，軟硬適中，可幫助睡眠。嫩苗、花、葉、嫩果均可食用。葉片亦可泡茶，中老年人長期飲用，可使血壓正常，大便通暢。台灣栽培的決明並不多，市售的決明子多半是大陸進口。

花5瓣　　　　　　雌蕊綠色

決明子水煮後可當飲品

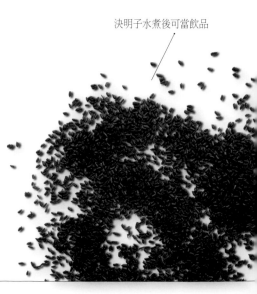

植株外型似黃槐，但較小型。

特徵 一年生灌木狀草本，高1～2公尺。
一回偶數羽狀複葉，互生，小葉
6枚，托葉線形。花每2朵生於葉
腋，黃色，5瓣。莢果，弓形彎曲，
長10～15公分，直徑0.3～0.4公
分。種子多數，有光澤。

用途 藥用與保健料

現況 中南部低海拔坡地及沙質地，栽
培或野生。

別名 馬蹄決明、草決明、假綠豆、羊角
豆、羊角、假花生、大號山土豆

英文名 sickle pod

開花於葉腋

羽狀複葉互生

果莢彎曲似弓

一回偶數羽狀複葉

唇形科	*Hyptis suaveolens* (L.) Poir.	產期 11～2 月	花期 10～11 月

香苦草

　　香苦草原產於世界各熱帶地區，大陸上稱為「山香」，台灣平地至低海拔林邊、路旁、開闊荒地偶有野生。喜陽光充足的環境，中部山區有專業栽培，一般農家多零星栽培於庭園、屋旁自採自用。

　　春至夏季播種繁殖，入秋後逐次開花，果實成熟期不一致，種子極易散落，因此果實轉色裂開前即應採收。為節省人力，通常於莖葉變黃時砍斷莖枝，將果實晒乾後打落種子收集備用。種子外有一層膠質可幫助吸水發芽，因此種過香苦草的田地在梅雨季後極易自然萌發小苗。

　　種子膠質，「遇水則發」成白色半透明狀，煮後俗稱「山粉圓」或「青蛙蛋」，清淡無味，可加糖、檸檬汁調味，入口即滑入喉中，為著名之清涼飲料；冬天可加入薑母熱飲，為驅寒良品。

特徵　一年生草本，高1～2公尺，全身有毛，揉之有香味。莖近四方形，直立多分枝。葉片對生，葉緣鋸齒狀。花冠唇形，生於葉腋，2～4朵輪生成總狀花序，淡紫色。小堅果，扁橢圓形，黑色，具細點。

用途　藥用與保健料

現況　各地零星栽培

別名　山粉圓、山薄荷、山香、狗母蘇、假走馬風

英文名　wild spikenard、wild spikenard basil、tea-bush

開花於莖枝頂梢或葉腋

種子可入藥，煮成清涼飲料。

清涼可口的山粉圓

葉片卵形，愈上部的葉片愈小。

花冠唇形，生於葉腋。

果實成熟後採收，晒乾收集種子。

| 唇形科 | *Mesona chinensis* Benth. | 產期 8 ～ 11 月 | 花期 11 ～ 12 月 |

仙草

　　仙草原產於中國，台灣海拔1,000公尺以下草叢、陰濕處偶有野生，早年多半零星栽培於山坡果園或菜園中。近年來燒仙草需求量大，已有農民大量栽培，但大部分的乾燥仙草仍以進口為主，論品質當然以國產者較好。

　　應用部位是莖和葉，尤以葉片為主，每年9～10月月收割最佳，充分晒乾可提高凝膠的強度。收割後第二年春大曾重新萌芽，若和水稻輪作則以播種或扦插繁殖。

　　乾燥的莖葉加水熬煮即為仙草茶，亦為百草茶原料之一，加入2～3%的太白粉（澱粉類）液使之糊化冷卻即凝結成黑色仙草凍。亦為仙草布丁、仙草雞、仙草排骨、即溶仙草、仙草拉麵、仙草粄條、仙草果凍之原料，是極受歡迎的鄉土食品。但一般市售的仙草凍大多都有添加膠質和鹼粉，價格便宜但不宜多食。自己動手做時可選用仙草即溶包與石花菜、果凍粉、洋菜粉幫助凝凍，健康加分且口感不同。

特徵　多年生宿根性草本，全株有毛，莖枝綠或紫紅色，四方形，直立或匍匐狀。葉片對生，邊緣鋸齒狀。聚繖花序生於莖枝頂梢。花冠唇形，淡紫色。小堅果。

用途　藥用與保健料

現況　新竹關西最多，嘉義水上次之，苗栗銅鑼、花蓮光復、桃園楊梅等少量栽培。

別名　田草、仙草乾、仙草舅、涼粉草、仙人草

英文名　mesona、hsien-ts'ao、chinese mesona

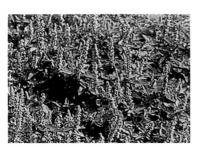

仙草開花，每每吸引眾人的目光。

晴朗的天氣適宜收割，之後須充分晒乾。

全株有毛

仙草凍成品，具有清熱消暑、利尿、降血壓之效。

葉片對生，邊緣鋸齒狀。

仙草分枝長葉情形

蓮科	*Euryale ferox* Salisb.	產期 7 ～ 10 月	花期 6 ～ 9 月

芡

　　四神湯（淮山、蓮子、茯苓、芡實）材料中，以芡實的產量較少，芡實即「芡」的種子。在台灣原生的水生植物中，芡是葉片最大的，需要開闊的大型水域供其生長。葉表綠色，葉脈隆起，葉背紫色，全株帶有銳刺，特徵明顯，極易辨識。

　　一年生植物，春天發芽長葉，且一片比一片大，之後從水底鑽出一個個像「小雞頭」的花苞，其「雞嘴」有時還會鑽破自己的葉片。芡的花苞極少綻放，大多未綻開就又悄悄的隱入水下，儘管如此它也能閉鎖授粉而發育成大雞頭（漿果）。在漿果成熟裂開前採收種子，或在芡實沉入水底前撈取。

　　在野外，冬季的低溫會讓芡枯死，春江水暖種子萌芽，植物的生命一代一代綿延不絕。不過因為大多數的水塘、池沼被填平了，芡的生育環境日漸縮小，幾乎從台灣野地消失。中藥市場的芡實幾乎都從大陸進口，將其種子切半晒乾去殼後可供藥用，有滋補強壯之效。白色胚乳可製粉、煮食。

市售的芡實

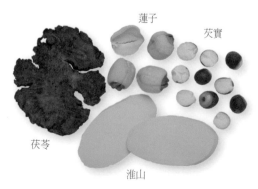

▼四神的原料：

蓮子

芡實

茯苓

淮山

葉浮於水面，帶刺。成熟葉圓形，初生葉扇形。

特徵 一年生浮葉型水生草本，不論葉柄、葉面、葉背、花苞、果實均帶銳刺。初生葉呈盾形，成熟後呈圓形，直徑可達 1.3 公尺。單生花，直徑約3～5公分，紫色。漿果，種子不規則球形。

用途 藥用與保健料、澱粉料

現況 早期彰化、雲林最多，目前無商業栽培。但桃園、花蓮、台南等水塘有零星栽培，有些地區為保育水雉而進行芡的復育，或於菱角田中栽培芡供水雉棲息。

別名 1. 芡：雞嘴蓮；

　　　2. 芡實：雞頭米、雞頭蓮子、芡米。

英文名 euryale、gordon euryale

花瓣紫色，但綻放的花不常見。

葉面皺狀，凹凸不平。

花苞帶銳刺

葉子背帶銳刺

芡結果，很像雞嘴。

成熟的芡實

| 芍藥科 | *Paeonia lactiflora* Pall. | 產期 8～9月 | 花期 3～6月 |

芍藥

芍藥和牡丹有親緣關係,原產於中國華北、東北、蒙古、西伯利亞。根據最近的研究,牡丹的葉綠體DNA與芍藥相同,因此芍藥是牡丹的原始親本之一。

為中國名花。《詩經》鄭風提到「維士與女,伊其相謔,贈之以勺藥」,年輕男女以芍藥示愛,類似現今以玫瑰傳情。「人將離別,贈之以芍藥」,古人曾以芍藥當作離別的紀念品。秦朝時開始栽培,但當時牡丹、芍藥不分,只通稱為芍藥,直至東漢末年才將草本的稱為芍藥,木本的稱為牡丹。

多年生宿根草本,3月發芽、5月開花,10月起地上部逐漸枯萎,進入休眠,第二年開春再重新萌芽。當作藥材者,種植3～4年後即可採收。秋天挖掘根部,過早採收產量會變少,過晚則澱粉轉化品質變差。將根部切下,刮去褐皮,蒸煮切片晒乾,稱為「白芍」。依產地不同,安徽產的稱為亳白芍、四川產的稱為川白芍、浙江產的稱為杭白芍。山東、河南、貴州等地也都有栽培。

若是野生芍藥,未經去皮,稱為「赤芍」。兩者的化學成分大致相同。應用上,白芍養血,性收而補;赤芍行血,性散而瀉,但臨床上仍可合併使用。白芍更是「四物湯」(地黃、白芍、當歸、川芎)材料之一。台灣所需中藥材皆從中國進口。

芍藥在18世紀引進歐洲,經過英法等國的改良,培育出很多園藝品種。花色豐富,有單瓣、半重瓣和重瓣等花型,是溫帶國家很受歡迎的花卉,也應用於切花。台灣的高冷地也有零星種植,通常喜歡牡丹的人也會栽培芍藥,各大花市春天偶爾也會進口盆栽、苗栽。

花朵芳香,可作香水原料。種子含油脂,可製肥皂或塗料。

藥用栽培的芍藥,行距45～60公分,株距30～40公分。

草芍藥(*Paeonia obovata*)的根,不刮皮,可入藥,稱為赤芍。

特徵 多年生草本，高60～100公分，地下有肥大的塊根。多分枝，表皮棕紅色。葉片互生，莖枝下部是二回三出複葉，上部為三出複葉或單葉。從枝端或葉腋抽出花莖，花莖細長，花通常單生，9～13瓣，白、紅、紫、黃、粉紅、雙色等。雄蕊多數，心皮4-5枚離生。蓇葖果。種子3～5粒。

用途 觀賞、藥用與保健料

現況 南投縣杉林溪、梅峰農場、新竹縣觀霧、台中武陵農場、清境農場、嘉義縣阿里山

別名 白芍、杭白芍、白芍藥、金芍藥、將離

英文名 chinese herbaceous peony、subshrubby peony、peony、herbaceous peony

荷蘭阿姆斯特丹辛格花市販賣的芍藥塊根

去皮的根可入藥，稱為白芍，為「四物湯」的材料之一。

帶皮的根，稱為赤芍。

日本種植的芍藥品種-越之白山。

日本種植的芍藥品種-采女之衣。

| 芍藥科 | *Paeonia suffruticosa* Andrews | 產期 9 ～ 10 月 | 花期 2 ～ 5 月 |

牡丹

　　牡丹原產於中國的秦嶺、大巴山一帶。屬於芍藥科，該科僅芍藥屬一個，約40個野生種，主要分布於亞洲，一部分在歐洲南部和北美洲西部。屬名Paeonia源自於希臘的醫神 Paeon，因為本屬植物具有醫療功效。

　　原本是藥用植物，於秋天將根部掘出，去土洗淨後取皮晒乾，稱為「牡丹皮、丹皮」，有降壓、鎮靜、抗驚、解熱等效。唐朝中葉民生富裕，牡丹逐漸轉型成觀賞植物，經過長期栽培、雜交，衍生上千個品種。中國是栽培最多的國家，盛產於華中和華北，山東菏澤、河南洛陽為最大的產銷與科研基地，每年有大量的盆花、切花與花苗供應海內外。溫帶國家多有引進，也不乏國外園藝公司、花卉達人自行雜交培育的新品種。花中之王、國色天香，曾在票選中獲選為中國國花，但未被官方所認定。

　　台灣也有栽培牡丹，根據《台灣通史》記載：「…每年自上海移種，花後即萎。」目前的園藝技術進步，中海拔山區栽培並不難，規模最大的首推杉林溪；也曾有花農利用冷藏等技術，成功的在基隆淺山生產牡丹。農曆年前後，大型花市還會從日本松江進口盆花或切花。至於中藥材所需的牡丹皮，一律由中國進口。

牡丹品種-Shimane Chohjuraka

紫牡丹（*Paeonia delavayi*），根皮也可以入藥。

紫斑牡丹（*Paeonia rockii*），是牡丹的親本之一。

特徵 落葉小灌木，高1～1.5公尺。二回三出複葉，互生，小葉常3～5裂。花單生大型，單瓣或重瓣，白、紅、紫、黃、粉紅、雙色等，有清香。雌蕊生於肉質花盤上，密被細毛。蓇葖果。重瓣品種大多不結果。種子黑褐色。

用途 藥用與保健料

現況 南投縣杉林溪、梅峰農場、新竹縣觀霧、台中武陵農場、清境農場、嘉義縣阿里山

別名 花王、國色、木芍藥、富貴花、洛陽花

英文名 subshrubby peony、peony、tree peony、herbaceous peony

牡丹的果實，表面有毛。

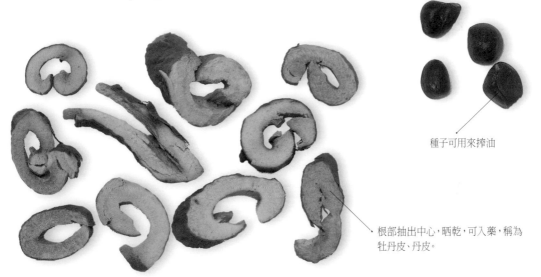

種子可用來搾油

根部抽出中心，晒乾，可入藥，稱為牡丹皮、丹皮。

牡丹品種-新國色

藥用栽培的牡丹

茜草科	*Morinda citrifolia* L.	產期 5～6 月為主	花期 全年均有，5～8 月較多

橄樹

　　橄樹是近年來廣被宣傳的作物，號稱來自溫暖的「大溪地」，並開發成果汁、膠囊等食品，商品名稱為「noni諾麗果」。

　　原產於熱帶亞洲、澳洲，其果實宛如長滿青春痘的番石榴但略小，切開又像漂白的釋迦果。具有氣室，能漂浮於海面而四處傳播，因此許多太平洋熱帶島嶼都有分布，恆春半島、綠島、蘭嶼的海岸林內也有野生。由於果實似疔瘡又像魔鬼的頭，蘭嶼達悟族人並不砍取它當作薪柴，因為認為它會使人得到皮膚病。

　　可當作觀賞植物栽培，播種或扦插繁殖，各大花市常有販售。果實可鮮食、煮食或搾汁，但味道較怪異，可加入鳳梨汁、果糖調味。樹皮可提煉紅色染料，根部可提煉黃色染料，並可入藥。

特徵　常綠小喬木，高2～8公尺，多分枝，小枝四稜形。葉片對生，光滑無毛，全緣，托葉半月形。花簇生於葉腋，頭狀花序，白色，5瓣。聚合果，球形、橢圓形或不規則狀，漿質，成熟時轉為乳白色，種子數10粒。

用途　染料、藥用與保健料

現況　屏東栽培最多，恆春半島、綠島、蘭嶼有野生。

別名　海巴戟天、諾麗

英文名　indian mulberry

橄樹果實

黑色的種子

果實剖面

花白色漏斗狀

果實成熟易脫落，自古即為重要之黃色染料。

葉光滑無毛，全緣。

| 繖形科 | *Angelica acutiloba* (Sieb.et Zucc.) Kitag. | 產期 12 ～ 3 月為主 | 花期 5 ～ 10 月 |

日本當歸

　　當歸（*A. sinensis*）是四物湯常用的中藥材，有調氣養血的效用，最大產地為甘肅省岷縣，並以四川省成都為集散地行銷海內外。

　　台灣一向透過香港輸入當歸，民國53年從日本引進日本當歸試種成功，為當歸之替代品，目前花蓮縣境內栽培面積已約6公頃，年產量約2公噸。

　　喜涼爽氣候，海拔較低或溫度較高的地區栽培較易開花，會造成植株老化、有效成分降低。主要栽培於花東縱谷等海拔500公尺左右山區，掘根後將泥土洗淨切片燻乾，或以鮮品販售。其阿魏酸、鐵質等成分的含量很高，而且標榜無農藥栽培，當地人常買回家做藥燉排骨、藥燉雞湯、當歸羊肉、當歸鴨，產品供不應求。亦有業者開發成當歸冰淇淋、當歸葡萄酒、當歸葉炒蛋、當歸魚丸，非常有創意。

露天栽培的日本當歸

特徵　多年生草本，高約40～60公分，主根粗短而多分枝。2～3回羽狀複葉，互生，小葉有缺裂。開花前抽出花莖，高可達80公分，複繖形花序，花白色，5瓣。分生果，種子多數。

用途　藥用與保健料

現況　花蓮光復最多、吉安、玉里、富里、卓溪次之。

別名　東當歸、大和當歸、延邊當歸

英文名　acutelobed angelica、danggui

鮮採根部，味道濃郁。

2～3回羽狀複葉

葉鞘膨大

栽培後2～3年開花，複繖形花序。

小葉缺裂

繖形科	*Angelica keiskei* Koidzmi	產期 3～4 月	花期 4～6 月

明日葉

花白色，複繖形花序

　　明日葉適合冷涼的氣候，生長適溫18～24℃。葉片由下往上陸續成熟，可一葉一葉分次採收，大約每15天採收一次，據說今日摘下葉子，明日又會重新長出一片，故名。外型酷似大型芹菜，原產於日本火山地區，尤以東京南方太平洋上的八丈島、三宅島最為常見，由於當地居民多長壽且極少罹癌和高血壓，推測可能與經常以明日葉作蔬菜有關。

　　在日本，明日葉的應用方式極多，例如：獨特的芳香可清除肉類、海鮮的腥味。嫩莖葉可當作蔬菜，搾汁、沙拉料理、油炸、煮湯均宜。乾燥磨粉可混合麵粉製成麵條，或製成茶包沖泡飲用，尚可加工成膠囊、果凍、香皂。根部鮮黃色，可浸漬明日葉酒。

　　明日葉富含膳食纖維、蛋白質、有機鍺、維生素B12和礦物質，可視為健康無毒的有機食品。

葉柄切片晒乾，可沖泡飲用。

特徵　二年生草本，高120～150公分，切開會流出黃色汁液。羽狀複葉，互生。複繖形花序，花白色，5瓣。分生果，種子成熟後植株即枯死。

用途　藥用與保健料

現況　南投、嘉義、桃園、苗栗、花蓮較多

別名　返陽草、鹹草、長壽草、八丈草、珍立草、八丈芹

英文名　angelica

明日葉的肥大鬚根

採收後將根部清洗晒乾，可泡藥酒。

羽狀複葉

| 薑科 | *Curcuma domestica* Vaiet. | 產期 12～3 月 | 花期 8～11 月 |

薑黃

　　薑黃原產於印度、東南亞、華南一帶，全台都有栽培，中南部較多，部分地區馴化野生。

　　以根莖分株繁殖，管理方法和「薑」類似。應用部位是根莖，於冬季葉片乾枯、天氣晴朗時挖掘，洗淨蒸煮後晒乾或切片，可入藥，有行氣、化瘀、健胃等效。有香氣，自古就被當作香草、香料，可用來泡酒（稱為黃流酒），使酒色染黃並增添香味，用以祭祀祖先。

　　含黃色色素，製粉後可作為食物（例如蘿蔔、咖哩粉）之黃色染料，染布時顏色鮮黃，但容易褪色。亦可調味，為南洋料理常用食材，兼抗菌作用，可用來保存食物。也能當作酒精溶液的PH指示劑，遇鹼呈棕色。印度是最大的薑黃產地，產量約佔全世界的94%。

　　另有一種「鬱金」（*Curcuma aromatica*，日名キョウオウ），和薑黃（日名ウコン）同一屬，兩者的外型類似，均可入藥。鬱金是4-6月展葉之際開花，在台灣很少見。

特徵　多年生宿根草本，地下莖肥厚多肉，稱為「根莖」，橫切面橘黃色。單葉，互生，兩面無毛，葉柄長約40公分，互相捲抱成假莖，高80～20公分。穗狀花序，由葉叢中抽出，長約20公分。下半部的苞片白色泛綠，上半部的苞片泛紅。苞片基部有黃色的花（唇瓣）。很少結果。

用途　藥用與保健料、染料

現況　各地都有，台南、高雄、嘉義較多

別名　姜黃、黃薑、寶鼎香

英文名　curcuma、turmeric

薑黃開花，自葉叢中抽出花序。

一片一片白色的是大型苞片，真正的的花位於苞片基部，黃色部分為唇瓣。

農民栽培的薑黃

假莖　　根莖

下根莖似薑，肉質為橙黃色。

磨粉後可做染料或調味料

葉片

禾本科	*Pennisetum purpureum* Schumach.	產期 全年	花期 11 ～ 1 月

象草

　　象草因開花時花穗似狼尾巴，也稱為「狼尾草」，是國內單位面積產量最高之牧草，俗稱為「牧草」。

　　原產於熱帶非洲，台灣夏季高溫多濕，極適合象草生長。台南市柳營區有全國最大的酪農區，是最大的鮮乳產地，當地酪農大都種植象草，主要栽培品種為畜產試驗所改良之狼尾草台畜草二號，莖葉味甜多汁而少毛，嗜口性佳，為乳牛或乳羊所喜食。

　　栽植容易，澎湖當地將象草密植當作防風林，翻埋入地下當作綠肥改良土壤。環境適應性強，隨處均有野生，未開花的象草常被誤認為芒草。3～9月扦插繁殖為主，生長快速，6周後即可第一次收割，每年可連續收割6～8次。栽培環境應光線充足，使植株健壯、叢生較多的小苗。可放牧，或收割後再細切做青飼料、青貯草或晒製乾草。

　　近年來亦當作生機飲食的材料，諸如牧草餐、牧草汁。基部嫩芽可煮食，味道似竹筍。

象草開花，狀似狼尾，又名狼尾草。

特徵　多年生草本，莖桿直立叢生，有蠟質，高80～150公分。葉互生，光滑少毛茸，長約80公分，葉緣有細齒，觸摸時宜避免割傷。穗狀花序，長15～20公分。穎果，但結實率不高。

用途　藥用與保健科

現況　屏東、台南、彰化、雲林、花蓮、高雄為主

別名　牧草、狼尾草

英文名　elephant grass、napier grass

光滑少毛茸

葉緣有細齒，易割傷。

高約 2 公尺時即可機械收穫

台灣自然圖鑑

貓頭鷹出版隆重推出

台灣自然圖鑑書系包含水果、行道樹、蛙類、台灣蝴蝶食草植物、台灣傳統青草茶植物等包羅萬象的自然主題，收錄最新、最完整的圖鑑條目，帶你探索生活中的大驚奇！

台灣原生植物全圖鑑第一卷
蘇鐵科──蘭科(雙袋蘭屬)

本卷收錄蘇鐵科──蘭科(雙袋蘭屬)植物共534種。

定價：2200 元

台灣原生植物全圖鑑第二卷
蘭科(恩普莎蘭屬)──燈心草科

本卷共收錄7科555種植物，包含難以分類的莎草科、水生植物穀精草科。

定價：1800 元

台灣原生植物全圖鑑第三卷
禾本科──溝繁縷科

第一本完整記錄台灣禾本科的圖鑑。依序介紹禾本目、鴨跖草目、薑目、金魚藻目至黃褥花目的溝繁縷科為止，共收錄39科620種植物。

定價：2400 元

| 龍舌蘭科 | *Agave sisalana* Perr. ex Enghlm. | 產期 成熟後每 8 ～ 12 個月收割 1 次 | 花期 2 ～ 5 月 |

瓊麻

　　瓊麻為昔日恆春三寶之一，原產於墨西哥，最早由墨西哥的西沙爾港輸出，又稱西沙爾麻。生性強健，抗旱喜光，恆春半島曾大量種植，面積高達數千公頃，大量輸出日本後再轉銷英國。近年來少見栽培，但海濱、山岩瘠地等已逸化野生，部份軍營外圍常見。

　　通常從母株基側採下小苗分株繁殖，栽植後3～4年，當外層葉片下垂成水平狀時即可收割，每8～12個月收割一次，採收時保留中間的葉叢讓它繼續生長，外圍的葉片自基部割下，削去頂端的尖刺，紮成小捆，運往採纖場沖洗、錘打，此時纖維顏色由綠色漸漸轉淡，分散的纖維宛如一片片的魷魚絲。經過晒麵條一樣的掛晒、乾燥，即可打包貯藏或外銷。

　　瓊麻的纖維拉力強，耐海水腐蝕，為繩索、漁網、吊床的理想原料，是50年代恆春半島最重要的經濟作物，當年從恆春到車城，到處都有抽麻、晒麻工廠，許多人因而致富，並為國家賺取大量的外匯。如今因為人造纖維的影響，已無人收購。

特徵　多年生肉質草本，莖不明顯。葉片螺旋狀叢生，硬質，長可達150公分，寬約10公分。花莖從葉叢中心抽出，高可達6公尺，具水平分枝。圓錐花序，兩性花，黃綠色。栽培種為5倍體，故開花後多不結果，且植株會逐漸枯死。但會形成許多珠芽，落地長根後即成新植株。

用途　纖維料

現況　花蓮壽豐有栽培，恆春半島已逸化

別名　劍麻、西沙爾麻、綠葉瓊麻、衿麻

英文名　sisal、sisal hemp、hemp plant

大型葉片似寶劍，也稱劍麻。

墾丁瓊麻館的「採纖機」

瓊麻纖維編織的繩索

瓊麻開花，兩性花，黃綠色。

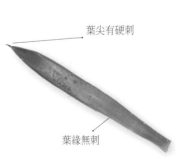
葉尖有硬刺

葉緣無刺

五加科	*Tetrapanax papyrifer* (Hook.) K.Koch	產期 全年，12～2月最佳	花期 10～12月

蓪草

　　蓪草原產於中國南部、台灣，從平地到2800公尺之潮濕、向陽山區都有生長。會從地面處叢生側芽，分枝不多，但總是欣欣向榮長成一片。葉片碩大而開叉，曾有登山客將它誤認為野生的「木瓜」。

　　種小名papyrifer，為「紙質的、可製紙的」之意。根據《本草拾遺》記載：「生山側，葉似蓖麻，心中有瓤，輕白可愛，女工取以飾物。」為中國特有的技藝。《台灣通史》也說：「野生甚多，截取其心，切為薄片以製花，可染五色，並銷外省。」

　　通直的莖枝才適合加工。砍去葉片，斷成1公尺長，在切口下端插入細竹棍，樹皮撐開，取出白色莖髓。陰乾後，切成一截截，放在平台上，用薄刃滾切。手藝精湛的女工，可以將一截直徑3公分的髓心削切成一張1公尺長、厚度0.03公分的「蓪草紙」，一天約可切出7000至10000張。

　　台灣的蓪草紙於1830年即大量外銷，日治時代曾於新竹設加工廠，產量佔全台95%以上，近八分之一的新竹人靠削切蓪草維生，不但為日本皇室指定使用，還獲得1925年巴黎國際手工業博覽會優等獎。但製程費時耗工，光復後逐漸沒落，82年最後一家工廠遷到中國，台灣的蓪草紙產業近乎熄燈。幸好新竹的張秀美女士克紹箕裘，經營蓪草文化藝術工作室，致力傳承這項國寶級的技藝。

　　蓪草紙可做人造花、鞋帽的內裡、明信片、日曆、賀卡和名片。用機器滾筒輾平晒乾，可用來作畫，稱為「蓪草畫」，結合東方風格與西畫技巧，主要外銷西方，深受歐美喜愛。髓心亦可作針插、瓶塞、工藝品、浮標，並曾經是小學生勞作課的常用教材。

人工種植的蓪草

砍斷蓪草莖之後會長出分枝

特徵 常綠大灌木,高2～4公尺。莖枝直徑10～15公分。單葉,互生,長40～60公分,主脈葉七出,掌狀7～12裂,葉端再各自分成兩叉。嫩莖、葉柄及葉背密被黃褐色星狀毛。圓錐狀繖形花序,黃白色,4～5瓣。核果球形,熟時黑色。

用途 纖維料

現況 南投名間、新竹五峰、嘉義新港,全島平地至中海拔野生

別名 通脫木、木通樹、通草

英文名 rice-paper plant

冬天開花,頭狀花序。

葉柄及葉背密被黃褐色星狀毛

葉柄可長達70公分

分段後尚未取出隨心的蓪草莖

白色髓心,質感很像保麗龍。

台北植物園展出的花鳥圖案蓪草畫

髓心切片,經過染色的蓪草人造花。

| 棕櫚科 | *Arenga tremula* (Blanco) Becc. | 產期 全年 | 花期 3～5 月 |

山棕

　　山棕原產於琉球群島和台灣，是台灣最普遍易見的野生棕櫚科植物，海拔1000公尺以下較為陰濕的山麓、溪谷、闊葉林底層都可發現。

　　早期先民就地取材，將羽狀複葉連同葉柄砍下，可搭蓋涼棚遮蔭，乾燥後可綁成掃帚。壓潰、泡水、發酵、乾燥後的葉柄和葉鞘可編織繩索。葉鞘外的黑色網狀纖維（又叫黑毛）長達40公分以上，經過泡水、梳理可製成刷子、掃帚、棕繩、草蓆、濾網，但目前早已經被廉價的塑膠製品所取代。由於黑毛並不算太長且粗硬，較少作成簑衣。

　　山棕在春夏之際開花，濃烈的香味可吸引昆蟲、青蛙，因此開花期間也容易盤藏蛇類。秋末果實成熟轉成紅色，可食用，為獼猴、白鼻心最喜歡的食物之一，經驗豐富的原住民獵人會在山棕附近設置陷阱捕捉獵物。莖幹之髓心嫩芽可生食或煮湯。

高雄市茂林區多納部落用山棕樹葉覆蓋的涼棚屋頂。

特徵　常綠灌木，莖幹粗矮、叢生。基數羽狀複葉，簇生於
　　　莖幹頂端，長約3公尺，小葉表面濃綠色，背面灰白
　　　色。花序分為雌花序和雄花序兩種。雄花橙黃色，具
　　　濃香。核果，球形，直徑約1.5公分，成熟時紅色。種
　　　子3粒。

用途　纖維料

現況　低海拔山區野生

別名　虎尾棕、山棕櫚、黑棕

英文名　formosan sugar palm

羽狀複葉，小葉中間有一明顯的主脈，葉緣
呈不規則鋸齒狀。

成熟的果實逐漸由紅色轉為黑色

葉鞘外的黑色網狀纖維，
又叫黑毛。

山棕的雄花，具有芳香。

棕櫚科	*Calamus formsanus* Becc.	產期 全年	花期 4～6 月

黃藤

葉鞘與和葉軸長滿倒刺

　　黃藤為台灣特有的棕櫚科爬藤，從海岸林、郊山到海拔2000公尺闊葉林均有野生，葉鞘和葉軸布滿硬刺，可鉤附大樹往上攀升爭取陽光。

　　根據《台灣通史》記載：「…內山野生甚多，一莖長數十丈，以制椅楊諸器，利用極廣。」原住民朋友很早即用來編織日常生活用品，並作為盔甲、繩索。平地漢人編藤的歷史則不長，據說最初是由竹編技術發展為藤編技術。砍伐後，削除帶刺的葉鞘，經過切斷、削片、煙燻、乾燥、去髓、漂白，可編織床、籃、椅、杖等器物。台灣的藤具製工精緻，內外銷都很受歡迎。

　　光復之前，每年山採的藤材約2000公噸，需求量大，屏東一帶曾經試種推廣，後來也自印尼進口類似的藤材，並由家庭手工業轉型為企業化生產，1986年外銷量達到顛峰，贏得「藤品王國」的美名。後來印尼的藤材禁止出口，中國和東南亞的藤具又廉價傾銷，台灣的藤器加工業幾乎瓦解，相關技藝也近失傳。

　　目前台灣以採收「黃藤心」為主。去葉後砍斷藤莖，可和排骨、小魚干、蜆或雞肉一起煮湯，或作成藤心沙拉，風味媲美「半天筍」。乾烤去皮後抹鹽，是阿美族豐年祭的傳統食物。

　　野生的黃藤心數量有限，現已人工栽培。果實成熟時即採即播，約2個月發芽，幼苗應適度遮蔭避免直晒，育苗2年後苗高30公分即可定植，再過3年即可開始採收，可連續採收至少10年。每年自植株基部長出4～8側枝，保留4支其餘去除，可採收到品質較好的黃藤心。

特徵　多年生藤本，莖長30～70公尺，自基部分枝。羽狀複葉，長3～6公尺，
　　　　葉軸頂端伸長成刺鞭。佛燄花序，雌雄同株異序。花3瓣。核果。種子1粒。

用途　纖維料

現況　花蓮光復、豐濱有栽培，新竹尖石、台東豐濱等山區野生

別名　藤、闊葉省藤、台灣黃藤、五脈剛毛省藤

英文名　yellow rattan palm、calamus- rattan、rattan

葉鞘與和葉軸
長滿倒刺

人工栽培的黃藤

山區自生的黃藤

| 棕櫚科 | *Cocos nucifera* L. | 產期 全年，3～7月盛產 | 花期 全年 |

可可椰子

　　可可椰子俗稱椰子，喜歡高溫氣候，在自然狀態下，椰果掉落後可藉由海浪漂浮到其他島嶼而發芽，屬於熱帶海漂植物。果皮有綠、黃、橘、褐等色，以綠皮品種較受國人青睞。

　　未成熟的椰果含有豐富的椰子水（液狀胚乳），是國人喜好的飲料。隨著成熟度增加，椰子水轉為白色胚乳（俗稱椰肉、椰仁）而增厚，可做為糕點、糖果的原料。成熟果的脂肪含量最高，可搾取椰油 （coconut oil），製造食用油、肥皂、化妝品、蠟燭、潤滑油、人造奶油或汽車燃油；油粕可做飼料。

可可椰子有「天堂之樹」的美稱

　　中果皮富含纖維，可製成繩索、地毯、毛刷、床墊；內果皮可雕刻工藝品或製成活性炭，是防毒面具的良好原料；樹幹不易腐爛，可製作家具或船筏，是熱帶國家重要的外銷品；葉子可蓋草棚、編草蓆、涼帽、籃簍或製成掃帚，也可當作燃料；頂芽及嫩花序可供食用，類似檳榔筍（半天筍）而且味道較甜；未開放的花序可割取甜汁飲用、製糖或釀酒。

泰國的特級初搾椰子油

特徵　常綠喬木，高15～25公尺，樹幹不分枝，幼齡時樹幹直立，老齡時稍彎曲。羽狀複葉，叢生於莖頂端，長5～7公尺。肉穗花序，雄花密生於花序分枝頂端，約200～300朵；雌花疏生於分枝基部。核果，種子1粒。

用途　纖維料、油料、糖料

現況　屏東最多，台東、高雄次之，台南、花蓮等中南部縣市亦常見

別名　椰子、越王頭、胥耶

英文名　coconut、coconut tree、coconut palm、coco palm

深受國人喜愛的椰子

內果皮有三個發芽孔，極似猿臉，屬名Cocos為「猿」之意。

東南亞的椰糖

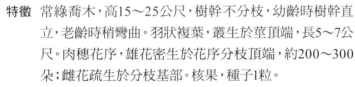

甜點烘焙常用的椰子粉

棕櫚科	*Phoenix hanceana* Naudin	產期 一年三收，夏天較多	花期 3～6月

台灣海棗

雄花序，雄蕊6枚

　　台灣海棗原產於中國東南部、海南島、香港及台灣，為經歷冰河期而生存至今的孑遺植物，政府已於台東縣海端鄉南橫公路新武橋附近成立「台灣海棗自然保護區」以保護其生育環境。

　　俗稱糠榔，早期許多濱海地區以它為地名，例如嘉義朴子的大糠榔、小糠榔；台中清水的大糠榔、二糠榔、三糠榔。在塑膠製品不普遍的農業時代，靠海一帶的居民常將葉片砍下，削去基部的銳刺，曝晒三天讓葉子變軟後，綁在竹竿上即成「糠榔帚」，質地堅韌，不論地面沙塵、牆腳蜘蛛網都能掃得乾乾淨淨。糠榔帚曾為嘉義朴子的特產，因為利潤微薄，目前已很少見。

嘉義縣朴子鄉新吉莊的糠榔帚

　　果實大約在8～10月成熟，味道像棗乾。植株耐鹽、抗風、耐旱，許多學校、公園、街道均普遍栽培以供觀賞。

特徵　常綠喬木，高5～8公尺。羽狀複葉，基部呈刺狀。雌雄異株，肉穗花序，花黃白色。漿果，橢圓形，成熟黑色。種子1粒。

用途　纖維料

現況　低海拔山麓、海邊礁石野生，各地零星種植。

別名　糠榔、桄榔、台灣桄榔、台灣糠榔、姑榔木、麵木

英文名　taiwan date palm、formosan date palm

嘉義縣布袋鄉的台灣海棗栽培園

成熟變黑的果實略有甜味，可食用。

葉片砍下晒乾，可綁成掃帚。

棕櫚科	*Trachycarpus fortunei* (Hook.) H. Wendl.	產期 春到秋天	花期 2～6 月

棕櫚

　　棕櫚原產於長江以南至廣東一帶，部分地區當作行道樹栽培，台灣以奮起湖一帶栽培最多。

　　自古以來即具經濟價值，葉鞘具有褐色纖維，稱為「棕皮」，切割下來泡水撥鬆，可做簑衣，或做成棕繩、掃帚、墊蓆。簑衣即古時候的雨衣，耐水性強且較柔軟，後來由於塑膠雨衣的發明，現在幾乎無人使用簑衣，因此栽種棕櫚和收購棕皮的人也就少了，多半製成藝品簑衣，於農村文物館中以古董方式展示。葉柄稱為棕骨，纖維較硬而直，煮軟後發酵7～10天，再將纖維分開，可製棕刷。種子可搾油、做念珠，亦可入藥，有止瀉、養血之效。

福山植物園栽培的棕櫚

棕櫚製成的簑衣

特徵　常綠喬木，莖直立不分枝，高6～10公尺。葉片圓扇形，簇生於莖頂，葉柄長約 100 公分。肉穗花序，花被6枚，淡黃色。核果球形，直徑約1公分，熟時紫黑色。

用途　纖維料

現況　全台各山麓零星栽培，嘉義縣奮起湖最多。

別名　棕樹、垂葉棕櫚、棕衣樹

英文名　chinese fan palm、 windmill palm、fortune's palm、
　　　　　fortune windmill palm

棕櫚的葉鞘纖維

葉為掌狀深裂，裂片30～50枚。

肉穗花序，著生於葉腋。

圓扇形

鳳梨科	*Ananas comosus* (L.) Merr.	產期 全年均有，6～8月盛產	花期 全年，集中於2～4月、7～8月

鳳梨

　　鳳梨原產於南美洲熱帶地區，是世界重要的熱帶果樹之一，主要是製成罐頭通行全世界。

　　鳳梨罐頭曾是台灣重要的外銷產品，60年代產量高居世界第二位，對經濟起飛有極大的貢獻。今天的士林官邸所在地即過去的士林園藝所，曾負責鳳梨育種研究的工作，但台北的氣候濕冷並不適合鳳梨生長，後來遂改由嘉義農試所接手，並成功推出許多知名的雜交鮮食品種。由於每個品種的產期略有不同，再配合產期調節技術，現在幾乎全年都可以吃到新鮮的鳳梨。除鮮食、製罐，亦可糖漬成鳳梨糕、製成果汁、脫水食品、釀酒、釀醋、鹽漬。

　　根據《台灣通史》記載，早年高、屏一帶盛產鳳梨，割葉抽絲，賣到大陸，歲入十數萬圓。抽絲用鳳梨屬於最早期的引進種（在來種），葉片的纖維長而韌性佳，可織成鳳梨布、製繩、縫線、漁網、造紙。目前各地栽培的幾乎都是雜交品種鳳梨，適合當水果；在來種鳳梨只能去偏遠地區找尋。

特徵 多年生常綠草本，高約1公尺。地上莖不明顯。葉30～40片，劍形，葉緣有或無刺。總狀花序，由50～150枚小花集合成毬果狀。小花3瓣，紫色，外側有3枚萼片及1枚鋸齒狀的苞片。多花果，圓筒形，多半無種子。

用途 纖維料

現況 屏東最多、台南、高雄、嘉義、南投、雲林、台東、花蓮次之。

別名 波羅、黃梨、王萊、王梨

英文名 pineapple、ananas

經濟栽培的鮮食品種鳳梨

鳳梨葉片製成的纖維

在自然天候下，鳳梨多在夏季至秋季開花。

鳳梨葉片可抽取纖維

| 葫蘆科 | *Luffa cylindrica* (L.) M. Roem. | 產期 4 ～ 10 月 | 花期 3 ～ 9 月 |

絲瓜

　　絲瓜可能原產於印度，大約在唐朝傳入中國，西方國家和溫帶地區種得不多。為短日性植物，立春（約2月5日）前播種有利於將來產生較多的雌花，可提高產量，3月以後播種將來雌花的形成較慢或較少，產量會降低。播種後2～3個月即進入採收期。

　　依果面稜角的有無，分為稜角絲瓜和圓筒絲瓜。稜角絲瓜（*L. acutangula* (L.) Roxb.）早年以澎湖種得較多，也叫澎湖菜瓜。稜角絲瓜的開花時間是傍晚至清晨，花朵較小，有香味，果肉細緻品質佳，但纖維較細故不適合當菜瓜布。

　　圓筒絲瓜比較耐潮溼，果肉較厚，纖維較粗，幼嫩時可當蔬菜，老熟時瓜瓤成纖維狀，晒乾後甩出種子，去掉外皮，即為菜瓜布，許多主婦、長輩至今仍愛用來刷洗碗盤、器皿。

特徵　一年生藤本，莖有稜，卷鬚生於葉腋，3叉。葉片互生，掌狀5～7深裂，無毛。雌雄同株異花，黃色，5瓣。雄花序呈總狀，雌花單一而生。瓜果。種子扁平，約100粒。

用途　纖維料

現況　全台均有，南投、台南、屏東、高雄、嘉義、雲林、彰化較多

別名　菜瓜、布瓜

英文名　vegetable sponge、dishcloth gourd、sponge gourd

以絲瓜藤內的水分收集而成的絲瓜水，是女性朋友愛用的保養品。

菜瓜布可用來刷洗碗盤、器皿。

圓筒絲瓜在清晨到中午開花，無香味。

葉掌狀深裂

巴拿馬草科	*Carludovica palmata* Ruiz & Pavon	產期 夏至秋季	花期 12～2 月

巴拿馬草

　　巴拿馬草原產於中南美洲哥倫比亞、厄瓜多、祕魯的熱帶雨林區，將葉子採收後放入水中煮沸，晒乾或再經過藥液漂白，撕成細纖即可編織成草帽，早年多透過英國商人從巴拿馬港外銷歐美，稱之為巴拿馬帽（panama、panama hat）。其實巴拿馬帽的最大產地是厄瓜多，每年有幾十萬頂草帽出口，曾經是該國最重要的外銷商品。

　　巴拿馬帽為輕盈高雅的草帽，質感似布，既柔軟又強韌，可摺疊於捲筒中，甚至可穿過戒指，攤開後不留痕跡，深受名流喜愛，每頂價值150至1,000美金。台灣光復後亦曾生產巴拿馬帽外銷，但因為原料依賴進口，而且手工帽製作一頂需一星期或更久，已隨著編織業蕭條而告沒落。

　　巴拿馬草的外型極似棕櫚科的蒲葵，差別在於巴拿馬草沒有明顯的主幹，葉柄無刺。葉姿美觀，耐陰，可供庭園美化或室內盆栽。

價格不菲的巴拿馬帽

成熟裂開的果實

特徵　多年生草本，莖短縮叢生，株高1～4公尺。葉片掌狀深裂，裂片先端再呈淺裂，葉柄很長。肉穗花序自根際抽出，黃綠色，雌雄同株異花。

用途　纖維料

現況　台北植物園、嘉義市埤子頭植物園、林試所扇平工作站有種植、其他地方零星栽培。

別名　巴拿馬帽棕櫚

英文名　panama hat palm

台北植物園的巴拿馬草

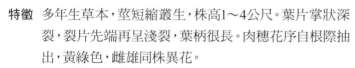

巴拿馬草的果穗

外型似蒲葵，但葉柄無刺。

莎草科	*Schoenoplectus triqueter* (L.) Palla	產期 6 月、9 月、12 月	花期 4 ～ 12 月，6 ～ 7 月較多

蒲

　　蒲是製作草帽、草蓆的原料之一。主要生長於大安溪下游靠近苑裡、大甲的臨海沼澤濕地。最開始是平埔族婦女野外採集編織，日治時期已普遍用來製成蓆、帽外銷日本，產地以苑裡為主，但因為苑裡的交通和產業較不發達，大多集中到一水之隔的大甲批售，通稱大甲蓆、大甲帽。光復初期大甲蓆、帽亦曾大量外銷，但民國60年之後已不復榮景。

　　以分株繁殖為主，一年可收穫二至三次，以第二次的莖稈品質最佳。採收時自近地處割斷，攤晒於地上，傍晚綑綁成束收起避免水沾溼，之後再連續日晒5～6天直至褐色即可販售或收倉備用。莖稈韌性強、吸濕性佳、具有草香，可編織床蓆、椅墊、枕頭套、拖鞋、提籃或其他工藝品。位於苗栗縣苑裡鎮山腳里的「藺草文化館」有各式編織品展示，但想觀察田間栽培的蒲，必須驅車到水坡里、田心里一帶的水田探索，只是已不多見。

莖稈收割後綑綁成束，連續日晒。

蒲編織成的茶具裝飾品

編織成草帽或裝飾品（藺草文化館）

特徵　多年生宿根性水生草本，地下「走莖」匍匐狀。春季萌發三角狀綠色「稈狀莖」，高可達120公分，橫切面三角形。葉單一，長1～5公分，不明顯。繖房花序，開於稈狀莖近頂端處，小穗棕色，穗梗長約1～3公分。瘦果，倒卵形。

用途　纖維料

現況　苗栗苑裡、大甲有栽培，台中、雲林、宜蘭河口濕地、廢棄漁塭野生。

別名　席草、大甲草、薦草、大甲藺、苑裡藺、三角蔥

英文名　taiwan date palm、formosan date palm

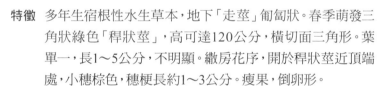

葉片　　綠色的稈狀莖

咖啡色的走莖

專業栽培的蒲（苗栗苑裡）

於稈狀莖近頂端處

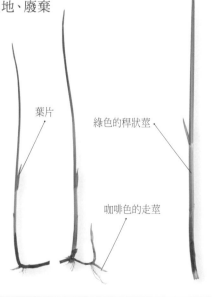

亞麻科	*Linum usitatissimum* L.	產期 12 月前後為主	花期 12 ～ 2 月為主

亞麻

　　亞麻是最古老的纖維作物之一，盛產於中東、地中海一帶。早在四千多年前，古埃及人即用來紡織衣料、包裹屍體成木乃伊。後來亞麻傳入西歐，在紡織上的重要性日增，直到工業革命後，棉花紡織獨大，亞麻纖維才逐漸衰退。

　　生產纖維時宜密植，於植株轉黃，種子未熟前整株拔取，攤晒2～3天再取纖。莖皮纖維顏色灰白，具有強韌、耐磨、耐洗、富光澤、吸水散水快、導熱性佳等優點，可織成夏布。但不易漂白，纖維柔軟、易皺且彈性差為其缺點，熨燙時需噴濕。容易洗滌，去污快，洗滌次數愈多纖維愈柔軟，可製成手術用紗布及繃帶或編織帆布、蚊帳、防水布、傳送帶、漁網、繩索、帳棚、砲衣、擔架等。

　　種子可搾成亞麻仁油，供食用、醫藥用，亦可調製成印刷油墨、油漆，或全粒磨碎混合於五穀中製成雜糧麵包；油粕可當飼料、肥料。早期台中、彰化一帶曾種植亞麻，面積高達數千公頃，但目前幾乎無栽培。

特徵　一年生草本，株高70～120公分。單葉，互生。聚繖花序，開於分枝頂梢，花5瓣，淡藍色或白色。蒴果，成熟時 5 裂。種子形似胡麻而較大，黃褐色，有光澤。

用途　纖維料、油料

現況　苗栗苑裡

別名　大陸稱為「胡麻」（台灣所稱的胡麻為胡麻科植物）

英文名　flax

亞麻於植株頂部形成分枝

台北植物園展出，經過編織、染色的亞麻纖維

果實成熟轉色，可收取種子搾油。

種子形似胡麻，但較大。

蒴果，成熟時5裂。

播種後約60～70天開花

花5瓣

葉互生

| 錦葵科 | *Abroma angusta* (L.) Willd. | 產期 無 | 花期 6～11 月 |

昂天蓮

　　昂天蓮原產於印度、中國南部、東南亞、太平洋的熱帶島嶼，因為果實成熟過程中會由下垂狀反轉成朝天狀，外觀像蓮蓬而得名。有時也由屬名Abroma音譯為亞布洛麻。

　　可用種子播種繁殖，3～4月直播或育苗均可，生長快速。分枝細直，向上斜伸，葉子、枝幹都布滿短毛。夏季開花，暗紅色，下垂狀，可能是有異味，常會吸引小蒼蠅授粉。果實5稜，宛如橫切的楊桃，成熟後裂開，狀如高腳杯，隔膜上密佈灰色長毛與黑色種子，模樣奇特且不討喜，英文稱為devil's cotton（鬼棉花）。

分枝細長，花葉均美。

　　莖皮纖維潔白堅韌，是著名的纖維作物，為製造鈔票與高級紙張的原料，亦可編製繩索、織造衣服。日治時代引進台灣，早期台南棉麻試驗分所（隸屬於農業試驗所）、中興大學農藝系、林業試驗所曾經在山坡地造林試種，適應情形良好，定植後2～3年即可採收樹枝，纖維產量高而品質佳。但可能是台灣的紙漿原料都靠進口，最終未見推廣利用。

花朵下垂，花萼和花瓣之間有黑褐色腺體。

　　昂天蓮的根亦可入藥，花葉均美，藥草園、庭園、校園均適合栽培。

特徵　常綠大型灌木，高2～3公尺，分枝斜伸而細長。全株被細毛。單葉，互生，可分為兩型。花單生於葉腋或靠近枝端，下垂，與葉對生。花萼與花瓣各5枚，花瓣暗紅色，長約3公分。蒴果膜質，5稜，成熟時裂開，萼片宿存。種子百餘粒，黑色。

用途　纖維

現況　農學院校、研究單位的農場、藥草園等零星栽培

別名　印度麻樹、鬼棉花、仰天盅、亞布洛麻

英文名　abroma tree、devil's cotton

果實成熟胞背開裂，萼片宿存。
芝麻狀的種子百餘粒

未熟果
成熟果
未開花時為大片的心形
開花後為卵狀披針形

錦葵科	*Bombax malabarica* DC.	產期 4～5 月	花期 2～4 月

木棉

　　木棉原產於印度，最早是由荷蘭傳教士由爪哇引進，為校園、公園常見之景觀樹木，南部淺山亦有歸化自生。

　　屬於落葉樹，開春之後，光禿禿的樹枝上先冒出一顆顆的花苞，而後綻放。花朵含蜜汁，可誘鳥；花瓣洗淨後可油炸食用。之後長出嫩葉，果實也逐漸發育，「結實大如拳，實中有白綿，綿中有子」。可惜樹勢高大不易採果，果實爆開後棉絮又隨風飛散，不若正統的「棉花」便於收獲，而且棉絮纖維短，不適合機械紡織，因此無法取代棉花，但可以當作棉被、枕頭、靠墊之填充材料。種子可榨油，製成機械油或肥皂。木材鬆軟，可做箱櫃、蒸籠、箱板。

　　木棉的落花曾讓機車騎士摔倒受傷，飛舞的棉絮也會讓體質過敏的人呼吸道不適，為體恤民意，有些道路的養護機關已決定木棉樹「遇缺不補」。逐漸消失的木棉道，還頗讓人扼腕。

木棉花開紅似火

木棉吐絮，隨即連種子一起飛散。

木棉花含雄蕊70～170枚

特徵 落葉喬木,高可達20公尺,樹幹上有瘤刺,枝條近輪生。掌狀複葉,小葉5～7枚,全緣。花單生或密聚於枝端,雄蕊多數。蒴果,成熟開裂,內具白色棉絮。種子多數,黑色。

用途 纖維料

現況 各地零星栽植

別名 斑芝樹、英雄樹、攀枝花

英文名 cotton tree、silk cotton tree、red silk cotton tree、malabor bombax、red cotton tree

掌狀複葉

開花枝與掌狀複葉

雄蕊70~100枚

棉絮適合當作填充料

台北植物園展出,木棉纖維製成的工藝品。

錦葵科	*Ceiba pentandra* (L.) Gaertn.	產期 5～8 月	花期 12～3 月

吉貝

　　吉貝原產於亞洲、非洲至美洲等熱帶地區，喜歡高溫的氣候環境。生長迅速，幼齡樹每年可長高1公尺，成齡樹高聳而主幹明顯，基部可形成板根，為南部校園、大型公園綠美化之優良樹種。高雄市四維二路即可看見吉貝行道樹，可惜當初定植的株距過於窄小，以至於目前已顯得擁擠。

　　冬季落葉，元旦至農曆春節前後開花，乳白色，下垂狀，有香味。夏季果熟，棉絮狀的纖維並不適合紡織，但浮力大且不易吸水，可做救生衣、枕頭、沙發、床墊的填充料。種子可榨油、製造肥皂，剩餘的棉籽餅可當作肥料或飼料。木材輕軟，可製箱櫃、木屐、火柴棒。

　　台北植物園溫室西側有一株百年吉貝，枝繁葉茂卻不曾開花，有人推測是台北的冬天較冷因此不開花，但同樣位於台北市美崙公園的吉貝卻能正常開花，因此詳細原因仍不是很清楚。

花朵簇生，有長柄，5瓣，花瓣常反捲。

高雄市四維二路的吉貝行道樹

掌狀複葉，小葉5～9枚，全緣或上部略有鋸齒。

特徵 落葉大喬木，樹高可達30公尺，樹徑可達1公尺。枝條近輪生，幼株或幼幹樹皮帶有綠色，有銳刺，老樹或老幹成灰褐色，逐漸無刺。掌狀複葉，小葉5～9枚，全緣或近末端有疏鋸齒。花簇生於枝梢，乳白色。蒴果，成熟5裂。種子多數，包藏於棉絮中。

用途 纖維料

現況 各地零星栽培，南部較多

別名 吉貝木棉、吉貝棉、爪哇木棉

英文名 silk cotton tree、kapok tree、kapok、ceiba

種子

吉貝的棉絮

綠熟（左）與成熟開裂的果實

果熟裂開，棉絮的用途和木棉相似。

錦葵科	*Corchorus capsularis* L.	產期 1.纖用黃麻：7～8月；2.葉用黃麻：5～11月	花期5～8月

黃麻

　　黃麻為印度、孟加拉重要的纖維作物，盛產於恆河三角洲一帶，因纖維黃褐色而得名。原產於非洲、印度、緬甸至華南等熱帶地區。經濟栽培的黃麻有「圓果」與「長果」兩種，近年來以「葉用黃麻」較常見，屬於長果種（*Corchorus olitorius* L.），其嫩葉是夏季盛產的新興蔬菜，市場上俗稱為「黃麻嬰」。長果黃麻的莖皮也可以剝製纖維，只是品質較差。

　　纖維用黃麻主要為「圓果種」（*Corchorus capsularis* L.），早期多由印度進口，太平洋戰爭爆發後因輸入困難，日本人乃獎勵種植。可和水稻間作，3～4月播種，7～8月收割。可織成布袋，裝運米、糖，因屬於熱帶作物，台中至高雄一帶栽培較多。去梢刮皮後保留韌皮，以流水浸洗發酵，軟化後晒乾，即可織成麻布、麻袋、繩索、窗簾等。但由於彈性、強度、耐久性皆差，人造纖維發明後，黃麻就越種越少了。

黃麻開花，5瓣。

台北植物園展示的黃麻纖維

黃麻纖維-染色後

纖維用黃麻，果實圓形，表面有稜。

葉片亦可作蔬菜

特徵 一年生草本，高1～4公尺。直立或灌木狀，麻皮青綠色或紅褐色。單葉，互生，表面無毛，葉緣鋸齒狀，葉基左右各有1長鬚，托葉呈線狀。聚繖花序，1～5朵著生於葉腋，黃色，5瓣。蒴果，表面有稜，成熟5裂。種子多數。

用途 纖維料

現況 台中、南投、彰化、雲林

別名 黃麻嬰、埃及錦葵、埃及國王菜、國王菜、埃及野麻嬰、印度麻、縈麻

英文名 1. 纖維用黃麻：jute、white jute；
　　　　 2. 葉用黃麻：nalta jute。

纖維用黃麻，目前栽培極少。

葉用黃麻果實長形，表面有稜。

種子黑褐色，細小而多數。

葉片的主脈三出

葉片基部有長鬚

| 錦葵科 | *Firmiana simplex* (L.) W. F. Wight. | 產期 夏至冬季 | 花期 6～8 月 |

梧桐

　　中國文人常以「良禽擇木而棲」來比喻人品的高潔，據說鳳凰「非梧桐不棲」，若此話屬實，則鳳凰很有可能會如黑面琵鷺般飛來台灣，因為台灣也有野生的梧桐，分布於低海拔山區、中橫沿線、恆春半島等地，只是並不多見。

　　梧桐為東亞特有，中國庭園名木，亦當作行道樹。春夏之際開花，種子於10月起陸續成熟，大小如豌豆，可炒食，烘炒後為咖啡之代用品，並可入藥、搾油。材質輕軟細緻，聲音特性佳，可製古箏名琴，亦可製木箱。木材刨片之浸出液可用來潤髮。

　　樹皮可取纖維，以1-2年生、長3公尺以上、少節的枝條為最佳。剝皮泡水，每隔5天換水一次。20-30天後，以木棒敲打去除雜質，再經充分洗滌、晒乾即完成。色澤白皙，質地強韌，為造紙、製繩、織布材料。亦可扭製弓「弦」，用來打獵。

　　葉片寬大如扇，脫落前為金黃色，頗富秋意，古詩詞中不乏詠頌的名言佳句。可播種繁殖，為速生樹種，幼枝樹皮綠色，又稱青桐。長成後樹勢高大，栽培場所應開闊向陽，為公園、校園理想之觀賞樹，可惜並不普遍。

　　在西方國家，另有幾種名為「法國梧桐」、「英國梧桐」…的落葉樹，它們是「法國梧桐科」（Platanaceae，或譯為懸鈴木科、洋桐木科）的喬木，與梧桐並無親戚關係。

種子著生於湯匙狀的果片上

果片

梧桐的花萼5裂，向外捲曲，無花瓣。

果實成熟的梧桐

特徵 落葉喬木，高可達15公尺，側枝輪生。樹皮平滑，青綠色。單葉，互生，掌狀3～7裂，寬可達23公分，葉柄長可達27公分。圓錐花序，頂生，花小，米黃色，花萼5裂，向外捲曲，無花瓣。蓇葖果，成熟前裂成5片，每一果片著生種子3～5粒。

用途 纖維料

現況 原生於東部及南部低海拔森林中，各地零星栽培

別名 青桐、櫬皮、耳桐、桐麻、梧、桐

英文名 chinese parasol、phoenix tree、wutong

種子大小如豌豆，
可炒食。

葉片掌狀3～7深缺裂

梧桐開花，圓錐花序，小花數目極多。

錦葵科	*Gossypium arboreum* L.	產期 6～9 月	花期 5～8 月

亞洲棉

　　亞洲棉原產於印度，在當地已有5,000年的栽培歷史，後經由緬甸、泰國、越南等地傳入華南地區，江南一帶栽培極多，元、明、清3朝政府都對亞洲棉的生產極為重視，為當時最主要的棉花栽培種，先民早期引進的也都是亞洲棉。缺點是纖維較短不適合機械紡織，於是當陸地棉引入中國後，亞洲棉乃逐漸功成身退。

　　亞洲棉為二倍體栽培種，纖維強度大、直徑粗，適合彈製棉被、衣物之填充料，製成脫脂棉，與羊毛混紡或混織地毯。產量雖不高，但較為穩定，總產量約占全部棉花的2～5%。種子可榨油，稱為「棉仔油」，為早期重要的食用油之一。

棉鈴外有3片苞葉

特徵　一年生灌木草本，高約100公分，多分枝。單葉，互生，掌狀3～7裂，缺裂較深約超過葉長的二分之一。花單生於葉腋，5瓣，黃色或乳白色，有或無紅心。蒴果，成熟時3裂為主。種子表面著生纖維與短絨，毛籽或光籽。

用途　纖維料、油料

現況　植物園、農學院校標本式種植

別名　中棉、樹棉

英文名　asiatic cotton、asiatic tree cotton

亞洲棉開花，花黃色有紅心。

葉緣掌狀3~7裂

部分品種的葉子缺裂極深，俗稱雞腳棉。

| 錦葵科 | *Gossypium barbadense* L. | 產期 6～9 月 | 花期 5～8 月 |

海島棉

　　海島棉原產於南美洲，在祕魯已有4500年的栽培歷史。傳入埃及後很適應當地的氣候，並在開羅選育出新的類型，稱為「埃及棉型」，俗稱「埃及棉」，適合雨量少、日照長而灌溉方便的地區栽培。由於尼羅河灌溉方便，埃及是全球長絨棉的主要產地，蘇丹、祕魯、中國新疆也是產區。

　　棉花紡織的利用價值取決於纖維的品質，有長短、粗細、強弱之分。纖維長而整齊則易紡織；支數高則纖維細，觸感柔軟舒適，但是細到一定程度抗拉力就會變差，需用二股以上的紗去撚轉再織成布料，股數愈高紗就愈強靭，布料也就愈高級，價格愈貴。

　　海島棉因曾大量栽培於美國東南沿海及西印度群島（海島棉型，為海島棉的另一類型）而得名。為四倍體，植株高大，栽培的行株距需要比較寬，生育期較長，約150至220天。綿毛（lint）最細長，達1、1/2~2吋，強力高，為紡織用最優良品種，商業上稱為長絨棉，適於紡細絲，製成的衣服觸感佳、透氣、吸汗，富有光澤，染色後亮麗鮮明。但對於氣候耐受性較差，種植情形不若陸地棉普遍，皮棉（去除種子的棉花）產量較低，只佔棉花總產量5～8%。海島棉另有多年生的變種，但比較少經濟栽培。

　　台灣曾於日治時代引進試種，但因夏季多颱風且溼度高，植株容易徒長，病蟲害多，生育不佳。

特徵　一或多年生灌木，高100～150公分或更高，多分枝。單葉，互生，掌狀3～5裂，缺裂超過葉長的二分之一，葉片也較大。花單生於葉腋，5瓣，黃色，有紅心。蒴果，成熟時3裂居多。種子大多為光籽或端毛籽。

用途　纖維料

現況　植物園、農學院校標本式種植

別名　埃及棉

英文名　sea-island cotton、barbados cotton、extra-long staple cotton（ELS cotton）

海島棉植株，大約與人同高。

海島棉結果（棉鈴）

海島棉開花，花朵中央有紅心。

種子大多為光籽或端毛籽（尾端有短絨）

錦葵科	*Gossypium herbaceum* L.	產期 6 ～ 11 月	花期 5 ～ 8 月為主

草棉

　　草棉原產於非洲南部，是非洲大陸栽培較早的棉花，也稱為非洲棉。大約在唐朝時經由阿拉伯、伊朗、巴基斯坦傳入新疆地區，其「草實如繭」，為了和蠶寶寶吐絲形成的「綿」區別，稱為木綿。後來逐漸改稱這些外來的植物為木棉或棉花。

　　草棉為二倍體栽培種，植株較矮小，果實和種子亦較小，從播種至採收約120～150天。棉鈴小，產量低，綿毛短於1吋，品質較差，適合作棉被填充料。優點是植株比較耐熱耐旱，目前印度、巴基斯坦仍有少量種植。早期曾用種子來搾油食用，含有棉酚，會造成生精細胞損害，導致不孕，需精煉方可食用。但也可應用於男性避孕藥。

　　筆者曾經二次試種：第一次95年9月30日播種，12月9日開花，可能是冬天低溫發育緩慢，96年4月11日才吐絮，5月23日開花者6月29日即吐絮，7月11日爛根而拔除。第二次於96年12月10日播種，31天發芽，97年5月7日開花，6月24日吐絮。植株均很矮小，未達60公分高。

特徵　一或多年生灌木狀，高100公分以下，多分枝。單葉，互生，掌狀3～7裂，缺裂不及葉長的二分之一。花單生於葉腋，5瓣，黃色或乳白色。蒴果，成熟時3～4裂。種子表面著生纖維與短絨，毛籽。

用途　纖維料

現況　植物園、農學院校標本式種植

別名　非洲棉

英文名　herbaceous cotton、levant cotton

草棉植株矮小，開出乳白色花。

草棉的果實較小

草棉吐絮

| 錦葵科 | *Hibiscus cannabinus* L. | 產期 9 ～ 10 月 | 花期 10 ～ 11 月 |

鐘麻

　　鐘麻以中國東北、俄羅斯、印度、孟加拉栽培較多，莖皮纖維柔軟有光澤，為重要的工業原料。但莖皮有刺，收穫、剝皮宜留意。

　　為短日性植物，於3～6月播種，長日照可使纖維產量高、品質佳；過晚播種則植株提早進入開花期，纖維產量較低。早年曾大量栽培，其纖維強韌、耐腐蝕、吸濕散水快，適合製成麻袋、麻布、地毯、繩索、漁網。帶皮麻稈可做造紙原料，剝皮後的麻骨可用於燒製活性炭、製成纖維板、火柴棒。嫩葉和嫩梢可作牲畜飼料。種子含油脂可搾油製皂，搾油後的油粕可當飼料。

植株高2～3公尺，葉片掌狀。

特徵　一年生草本，莖直立，有刺，高2～3公尺，分枝不多。單葉，互生，掌狀裂，葉柄有小刺。花單生於葉腋，淡黃色或乳白色，花心深紅色。花萼近鐘形，有刺和絨毛。單體雄蕊，花柱5裂。蒴果，密生刺毛，種子腎形。

用途　纖維料

現況　植物園、農學院校標本式種植

別名　洋麻、紅麻、槿麻、大麻槿、芙蓉麻

英文名　kenaf

花3瓣，花心深紅色。

果實形似洛神葵，但帶刺。

掌狀裂

葉柄有小刺

| 錦葵科 | *Gossypium hirsutum* L. | 產期 6～11 月 | 花期 5～9 月 |

陸地棉

棉花是錦葵科棉屬植物的通稱，種類極多，主要栽培種有亞洲棉（原產於印度）、草棉（原產於非洲）、海島棉和陸地棉（均原產於美洲）四種。

早期台灣推廣的品種如Rex、Empier屬於陸地棉，栽培面積曾高達7,000公頃。然因颱風過後往往造成棉田積水、植株倒伏，而且棉花的病蟲害很多，產量極不穩定，更因手工採收成本極高，之後即逐年減少，2008年統計僅剩雲林縣水林鄉、台東縣成功鎮少量栽培，總面積尚不足1公頃，近年來已稍多，但面積仍然不多，所需的棉花幾乎都靠進口。

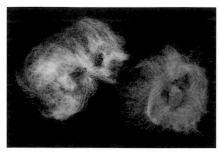

棉籽與棉絮：(左)陸地棉、 (右)南京棉 （纖維褐色）。

陸地棉性喜溫暖，栽培地勢宜高燥、排水良好。以3～4月播種較佳，播種後62～66天開花，早開的花約35天吐絮，秋天的花則需55天吐絮。其棉鈴大，產量高，纖維細長品質優，適合機械紡織，為世界上栽培最廣、最重要的棉花，總產量約占全體之90％。因大多從美國引種而來，也稱為美國棉或美棉。

不同種的棉花可以互相雜交，國外已育成高度較矮，花數多，花心紅色，結果期較集中的品種，棉絮爆開似一團團白雪，可當花壇植物觀賞，或供切花欣賞。

果實（棉鈴）爆開，露出棉絮，稱為吐絮。

凋謝前的花轉為粉紅色

特徵 一年生灌木狀草本，高約100公分，多分枝。單葉，互生，掌狀3～5裂，缺裂不及葉長的二分之一。花單生於葉腋，5瓣，乳白色，通常無紅心。蒴果，成熟時4～5裂。種子表面著生纖維與短絨，一般為毛籽。

用途 纖維料

現況 台南有獎軍、台中清水、台南白河、南投國姓、雲林水林、台東成功。

別名 棉花、高原棉、美國棉、美洲棉、美棉

英文名 cotton、upland cotton

種子大多為毛籽（有短絨）

陸地棉開花，花白色無紅心。

果實成熟時3～4裂

掌狀3～5裂

蒴果形似桃子，也稱為棉桃或棉鈴。

台灣昔日推廣的為陸地棉

錦葵科	*Hibiscus sabdariffa* L.	產期 11 ～ 2 月	花期 10 ～ 12 月

洛神葵

　　洛神葵可能原產於印度，後來由英國人引入牙買加，栽培極盛，故名 jamaica sorrel。中文名稱是由rosella音譯而來。

　　依其用途分為「食用型」和「纖維型」兩大類，台灣栽培最多的是食用型優勝種（Victor），萼片色澤鮮紅，果膠多，纖維少，富含蘋果酸，可加糖製成果醬、蜜餞、洛神花茶、釀酒；種子可以烤食；梢芽和嫩葉可做蔬菜。每年3～4月播種，秋天開花，10月底起盛產於台東金峰、太麻里一帶，鮮紅色鑽石般的花萼每每吸引遊客的目光。另有少數白萼、紫萼品種可供切花使用。

　　纖維型洛神葵的植株較高、分枝較少、葉片較大，花萼不能食用，但是莖皮堅韌，纖維灰白色具光澤，可編織麻布、麻袋和繩索，以印度、泰國栽培較多。

特徵　一年生灌木狀草本，高1.5～3公尺，莖皮紅色為主。單葉，互生，長成後掌狀3～5裂。花單生於葉腋，淡黃色，5瓣。萼片肉質，五裂，外側有8～11片較小型的副萼。蒴果，種子約30粒。

用途　纖維料

現況　台東縣（金峰、卑南、太麻里、東河等鄉）最多。

別名　紅角葵、玫瑰麻、羅濟葵

英文名　roselle、jamaica sorrel、red sorrel

萼片富含花青素呈鮮紅色，花謝後逐漸肥大增厚。

副萼8～11片

短日植物，秋季開花。

莖皮堅韌，可製纖維。

| 桑科 | *Broussonetia papyrifera* (L.) L'Herit. *ex* Vent. | 產期 全年，12～2月最佳 | 花期～3月 |

構樹

較為少見的小構樹，為雌雄同株。

　　構樹原產於華中、華南、日本、東南亞、印度。台灣的平地、淺山、河床沖積地隨處易見，將樹皮敲打成樹皮布，可製衣或編織材料。根據最新的研究：隨著南島語族的遷徙，台灣的原住民祖先曾將構樹一併引進到太平洋島嶼。幾個世紀下來，構樹已經成為當地重要的纖維植物。

　　古稱為穀、楮，「江南人績其皮以為布，又搗以為紙，長數丈，光澤甚好。」以1～2年生、長直、少節的樹枝最好，纖維品質較佳。將樹枝砍下，去除分枝和樹葉，放入鍋中加水蒸煮2～3小時，刮除表皮、留取白色內皮、晒乾後即可儲存備用。

台北植物園展出的構樹樹皮布

　　自古即為造紙的重要原料，中國的「棉紙」（紙質潔白似棉而得名，並非用棉花製成）是以構樹、雁皮、3椏為主料。南投埔里及日本的棉紙則是以構樹為主料，雖較不吸墨，但紙質強韌，適宜渲染。亦為製造鈔票的原料之一。由於皮質較硬不易撕成細絲，不適合精工細編，但可搓製繩索、製樹皮衣、手工紙、編製盛具或農具。

　　構樹俗稱「鹿仔樹、鹿仔草」，嫩葉為牛、羊、鹿之飼料，據說嘉義縣「鹿草鄉」便因昔日構樹成林而得名。

　　另有一種「小構樹」（*B.kazinoki*），古時也稱為「楮」，台灣有野生但不常見，樹皮纖維亦可造紙。南宋時期的「會子」（相當於現在的紙鈔）多用楮皮紙製成，也稱為「楮幣」。

特徵　落葉喬木，有乳汁。單葉，互生，葉形多變，幼樹葉片3～5裂，成齡樹多為卵形，鋸齒緣，兩面粗糙而被毛。雌雄異株，雄花組成柔荑花序，長6～8公分下垂狀；雌花組成頭狀花序，球形。聚花果，球形，直徑約2公分，熟時橙紅色。瘦果內含種子1粒。

用途　纖維料

現況　全島平地野生

別名　鹿仔樹、穀樹、桑穀、紙木、楮桑、穀桑

英文名　kou-shui、paper mulberry、common paper mulberry、tapa cloth tree

雌花序球狀，會發育為果實。

桑科	*Morus alba* L.	產期 1.桑葉每年約採四次；2.桑椹 4～5 月	花期 2～4 月為主

桑樹

　　國小3年級自然課的重頭戲是養蠶，蠶寶寶很偏食，幾乎只吃桑葉，每當3、4月就會看到許多家長到處幫忙找桑葉，十分溫馨。

　　桑樹有許多野生種及培育種，例如：白桑、黑桑、川桑、魯桑等，古代為政者必定獎勵蠶桑，因為對農業社會的安定極為重要。蠶寶寶吃了桑葉得到營養，經過蛻皮、長大、吐絲、結繭，再加以煮繭、繅絲、織紡、精練、染色、印花，就是一匹匹細緻柔美的絲料，是古代中國獨有的外銷品，深獲西方人士喜好。商人不遠千里的橫越高山、沙漠，用黃金、羊毛、馬匹、玉石等換取絲綢，也踩踏出一條溝通歐亞文明的「絲路」。

　　台灣也曾推廣蠶桑，每年外銷的蠶種數量為東亞第一，但由於成本太高，現今蠶絲全靠進口，但生產桑椹的果園倒是不少，多用來釀製水果酒、蜜餞、果醬、果汁。

　　樹皮富含纖維，可製成人造棉、桑皮紙，當初司馬光編撰《資治通鑑》便是用桑皮紙來刻印。高級的桑皮紙是國畫的裱褙良材，堅韌而百折不壞，可保存數百年，可惜這種造紙術幾已失傳。桑樹的樹皮、樹枝、樹根、樹葉和乳汁可入藥。木材可製農具，桑葉可作成茶包。

特徵　落葉灌木或喬木，高可達10公尺，為管理方便常修剪成高約2公尺。單葉，互生，有或無缺裂，葉緣鋸齒狀。雌雄同株，柔荑花序。雄花序較長，授粉後即脫落；雌花序發育為果實（桑椹）。多花果，味酸甜。

用途　纖維料

現況　葉桑以苗栗獅潭、台東池上較多，果桑各地零星栽培。

別名　桑、桑椹、鹽桑仔、娘子葉

英文名　mulberry

小葉桑的果實小，酸酸甜甜的，可當做野生水果。

白桑是中國古代主要的養蠶植物

長果桑（*Morus laevigata* W.）的果長可達10公分

小葉桑

小葉桑（*Morus australis* Poir.）的雄花序，柔荑狀。

苗栗區農業改良場的桑樹

芭蕉科	*Musa paradisiaca* L.	產期 全年，4～10月盛產	花期 全年

香蕉

　　香蕉原產於東南亞熱帶雨林，是世界上最重要的熱帶果樹。由於氣候適宜，台灣的香蕉有Q、甜、香的獨特風味，深受日人喜愛，目前仍是輸出日本的主要果品。

　　剛採下的香蕉很澀，必須等澱粉轉化為糖、果肉變軟才可食用，屬於「生食蕉」。另有一類「煮食蕉」果實成熟後不會軟化，吃起來沒有甜味，必須煮熟、烤熟或晒乾磨粉才能當做食物。煮食蕉富含澱粉，晒乾磨粉後可混合麵粉做成麵包，很適合孩童食用。

　　香蕉的纖維取自「假莖」，也就是看起來像樹幹的部分，富含纖維，古書有云：「其莖解散如絲，織以為葛，謂之『蕉葛』」。十七世紀的葛瑪蘭人曾用來織成日常衣物，日本沖繩亦用來織造和服，質地輕滑透氣，是夏季最受歡迎的衣料。香蕉纖維亦可編繩、造紙、織袋、作簾。

應用香蕉纖維時，應選自尚未開花的假莖。

香蕉開花，肥大的子房將發育為果實。

特徵　多年生大型草本，真正的「塊莖」埋藏在地下，可儲藏養分。圓柱狀似樹幹的是由葉鞘緊抱而成的「假莖」，高2～3公尺。總狀花序自假莖頂梢抽出，下垂狀，分為雌花、中性花和雄花。漿果，分十餘層排列，每層果手約10～18根果指。栽培種多為3倍體，所以一般的香蕉均無種子。

用途　纖維料

現況　全台均有，屏東、南投、嘉義、高雄最多，南投縣中寮鄉、高雄市旗山區是最大產地。

別名　芎蕉、甘蕉

英文名　banana

香蕉假莖取纖晾晒後的纖維

將假莖砍斷，可看見一層層的葉鞘纖維。

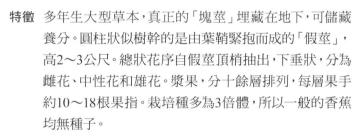

花序自假莖頂梢抽出，下垂狀。

葉片長約3公尺

芭蕉科	*Musa textilis* Nee.	產期 夏季	花期 3～10月

馬尼拉麻

　　馬尼拉麻原產於菲律賓群島、婆羅洲、蘇門答臘一帶，以菲律賓為最大產地。假莖（葉鞘）的纖維多而長，多用來做繩索，1820年代起開始外銷歐美等國。

　　以分株法繁殖，栽種後20～36個月開始收割，其後每6～8個月收穫一次。選擇即將開花的假莖從地面處砍下，剝去葉片和外皮，晒乾後打散即為所需之纖維。

　　以假莖最外層、最老的葉鞘纖維最堅實，色澤也最暗，強韌度為瓊麻纖維的1.2倍，重量則輕30％，堅實耐用，有浮力；最內層的纖維雖纖細但強度較差。馬尼拉麻纖維大體粗細均勻，長約2～5公尺，呈淡黃色，富光澤，耐水浸，為繫綁船隻繩纜之材料。亦可織布，或與蠶絲、棉花混織，可做成地毯、繩索、背袋、帽子等，質輕而強韌、耐候性佳，亦可造紙。

開花結實情形似香蕉，但結果不多。

特徵　多年生大型草本，具圓柱狀假莖，叢生狀，高3.5～6公尺。葉片長2～3公尺，表面深綠色，葉背灰白色。總狀花序下垂狀，苞片粉紫色，雌雄同花或異花。漿果，在台灣通常結果不多，種子多數，果肉少不適合食用。

用途　纖維料

現況　台灣曾多次引進，零星栽培。

別名　馬尼拉麻蕉、馬尼拉絲芭蕉、呂宋大麻、麻蕉

英文名　manila hemp、manila、abaca

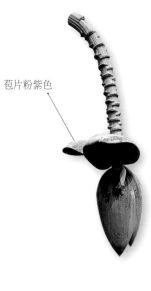

苞片粉紫色

葉背灰白色

馬尼拉麻外型似香蕉

葉片可搭蓋雨棚、包裹、枕糕餅。

| 禾本科 | *Dendrocalamus latiflorus* Munro *var. latiflorus* | 產期 3 月中～10 月下旬 | 花期 竹子類不常開花 |

麻竹

　　麻竹原產於廣東、福建及緬甸北部，台灣以中南部栽培較多，尤以海拔200～1000公尺處最多，是台灣最容易見到開花情形的竹子種類，但開花後竹筍產量顯著減少且竹叢極易死亡，為農夫所不樂見。結實率不高，在自然環境下種子發芽率及幼苗存活率都很低，必須靠人工分株等方式繁殖。

　　萌筍期自3～10月，筍重可達3公斤，是常見筍類中最大的，但纖維質略粗。通常在清晨掘筍，肉質細嫩而甜脆，適合炒食或煮湯。若竹筍出土後受到日照，纖維增多，則只適合加工成桶筍（罐頭）、筍乾等，為台灣重要之出口筍。

　　竹稈粗大，但節較硬，韌性差，含有較高的糖分而易遭蟲蛀，較少用來編織。早期先民常綑綁成竹筏，用以渡海、搭橋，以前鄉下農家也常用做房舍的壁柱、農具。

　　一年生的竹稈富含纖維，浸泡石灰水後加工成紙漿，可製成紙錢。葉子可釀酒，著名的「竹葉青」酒就是用麻竹葉為添加原料釀成的。麻竹葉可包粽子，但目前的粽葉主要是由大陸或越南進口。

一叢一叢的麻竹園

特徵　多年生常綠草本，竹林常呈一叢一叢。地下莖合軸叢生，竹稈高10～30公尺，直徑12～20公分，節間長20～70公分。稈節上分枝3枝以上，竹稈圓形無凹溝，稈籜寬大易脫落。葉片互生，長20～40公分，5～12葉一簇。穗狀花序，穎果。

用途　纖維料

現況　嘉義、南投、雲林、台南

別名　吊絲麻、甜竹、正埕竹

英文名　ma bamboo、ma chu、chinese giant bamboo

麻竹筍加工的筍乾

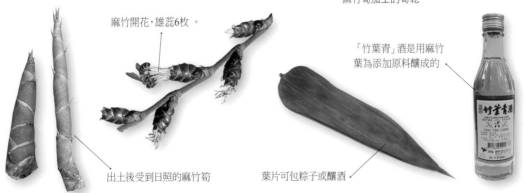

麻竹開花，雄蕊6枚。

出土後受到日照的麻竹筍

葉片可包粽子或釀酒

「竹葉青」酒是用麻竹葉為添加原料釀成的

| 禾本科 | *Melocanna baccifera* (Roxb.) Kurz | 產期 全年 | 花期 竹子類不常開花 |

梨果竹

　　竹子的開花習性和一般植物不同，它是以數十年為周期，開花時整片竹林老化、枯死，是農林界非比尋常的大事，例如四川地區的箭竹曾因開花而大面積枯死，讓貓熊面臨缺乏食物而絕滅的危機。

　　梨果竹原產於孟加拉、印度、緬甸，1960年引進台灣，但當時僅存活兩株，目前全台各地的梨果竹應該都是這兩株的嫡系子孫。2008年4月國內的梨果竹陸續開花（據悉印度的梨果竹也同步開花），之後長出一顆顆西洋梨狀的果實，果實直徑5～7公分為竹類中最大的，經媒體報導後吸引不少人前往拍照紀念，地上落果則有嚙齒類動物咬過的痕跡。

梨果竹幼苗培育

　　其竹稈圓而通直、彈性好、韌性強，和桂竹相比，節間較長故利用率較高，節數較少故製品較佳，抗彎、抗壓、抗張力亦強，剖篾容易，即使纖細如髮也不易折斷，為手工編織的良材，宜於製造提籃、帽子、童玩、果盤等精緻手工藝品；纖維較長，適於製造高級紙張。可惜近年來竹器編織業並不景氣，梨果竹引進後並未真正發揮功效，可說英雄無用武之地。

梨果竹的果實形似西洋梨

特徵　多年生常綠草本，地下莖走出合稈叢生。高5～20公尺，稈徑1～9公分，節間長30～65公分。稈節上有1～3小枝。葉片互生，葉長18～42公分，5～15葉一簇。穗狀花序，漿果西洋梨形，故名。

用途　纖維料

現況　高雄六龜、扇平、嘉義市埤子頭、圓林仔、竹崎公園、南投竹山、鹿谷、台北植物園等零星栽培。

別名　梨竹

英文名　muli

竹葉可做為釀酒原料

梨果竹開花（雄花）

梨果竹結果情形

竹稈彈性好、韌性強。

禾本科	*Phyllostachys makinoi* **Hayata**	產期 竹竿：2～9月	花期 竹子類不常開花

桂竹 `特有種`

優美的桂竹林

　　桂竹是台灣特有的竹子，性喜涼爽，以中、北部海拔700公尺以下山坡地或平地最適合生長，產業道路兩側山坡常見，林相十分秀麗，主要產地是苗栗縣大湖鄉，產量占全台一半以上。

　　萌筍期多集中在3～5月，是為春筍，但除了春筍外，桂竹亦會萌生秋筍和冬筍，只是筍形小，可食用部位少，因此極少採收食用。春筍筍長約50～70公分平均筍重約400公克，筍殼光華，筍籜有黑褐色斑點。筍味鮮美，適合炒食、煮湯、加工製成桶筍。

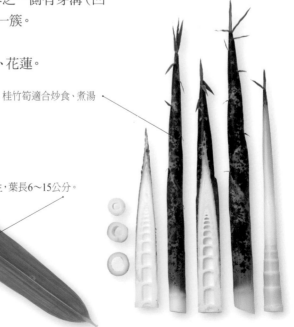
農民砍取竹桿

　　未摘採的筍長高之後即成竹竿，生長滿3年的竹桿比較強韌，材質細緻富彈性，劈砍容易，適合做建材、鷹架、棚架、家具、竹籬、掃把、晒衣竿，亦為竹編之上等材料，產地如苗栗3灣、南庄。竹籜可製成斗笠。

特徵 多年生常綠草本，竹林常成一大片。地下莖單稈散生，稈高6～16公尺，徑2～12公分，節間長12～40公分。竹籜表面有黑褐色斑點。稈節上有二分枝，稈之一側有芽溝（凹溝）。葉片互生，長6～15公分，2～3葉一簇。

用途 纖維料

現況 南投、苗栗、嘉義、台北（烏來）、新竹、花蓮。

別名 台灣桂竹

英文名 makino bamboo

桂竹筍適合炒食、煮湯

互生，葉長6～15公分。

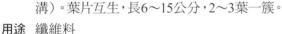

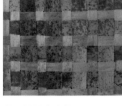
桂竹籜製成的裝飾品

| 禾本科 | *Pseudosasa usawae* (Hayata.) Makino & Nemoto | 產期 3月中至4月中（春筍）為主、9月中至10月中（秋筍）較少 | 花期 竹子類不常開花 |

包籜箭竹 特有種

　　台灣原生的箭竹有3種，其竹稈尖細可搭建雞舍、圍籬、編製籃簍、寢床、家具、削製弓箭、魚叉、製作陷阱，故名箭竹。

　　3種箭竹之中，較低海拔山區常見的為包籜箭竹，遍及台灣中、北、東部，尤以大陽明山（包括金山、萬里、石門、3芝、淡水、瑞芳）、花東海岸山脈（花蓮光復鄉太巴塱、豐濱鄉磯崎、新社）最常見。

　　陽明山國家公園成立前，當地居民常於萌筍期上山採筍出售，現今必須申請核可才能採筍，但其他地區則無此限制。包籜箭竹以筍長40公分、直徑2公分以上者品質最佳，由於產量不高，價格雖貴仍極受歡迎。

　　箭竹筍肉質細脆，富含纖維，採下後盡速水煮或冷藏，可保鮮度。在剝殼煮沸去除苦味後，炒肉絲、煮排骨湯皆很可口，烤熟後沾鹽水更能顯露其原味。由於山採十分辛苦而且不敷所需，近年來北海岸、陽明山地區已大量人工種植。花蓮的阿美族向來把箭竹筍當成傳統美食，稱為「拉志」，經光復鄉農會輔導推廣，種植面積已超過100公頃，為台灣最大的箭竹筍產地。

地下莖橫走側出合稈叢生

特徵 多年生常綠草本，竹林常成一大片。高2～5公尺，稈節間長20～35公分。稈節上有1～3小枝。單葉，長10～25公分，1～3葉（或更多）一簇。穗狀花序，穎果，結實率不高。

用途 纖維料

現況 花蓮光復、豐濱、台北陽明山（包括金山、3芝、淡水等）、台東關山、南投魚池。

別名 箭竹、包籜矢竹、矢竹仔

英文名 usawa cane。

箭竹筍

單葉，互生。

1999 年起陽明山地區的包籜箭竹陸續開花、枯死。

稈徑1～2.5公分

| 蕁麻科 | *Boehmeria nivea* (L.) Gaud. | 產期 5～10 月為主 | 花期 9～10 月 |

苧麻

　　苧麻是中國的特產，古稱為紵，以湖南、江西一帶栽培最多，目前許多國家亦有栽培。每年可收穫5次，可連續生產5～8年，但因採收費工，成本高且消費量有限，台灣幾無經濟栽培。

　　早年先民多以苧麻做為衣著布料，日治時代亦曾獎勵栽種以供軍服原料，多產於山麓。泰雅族、排灣族等原住民常栽於住家附近，自收自織成布匹，編織衣服、背包、繩索，或做為陷阱吊索，只是時代變遷，目前會這項技藝的人也不多了。

　　應用部位為莖皮，砍斷莖枝剝皮後捆紮成束，放在流水裡漂洗發酵，再刮去表皮及膠質，將纖維梳直、拉長、晾晒，即可紡成麻線。其纖維較白，易染色，拉力強、吸濕而快乾，傳熱性好，是最好的「夏布」原料。次級品可製成紗布、帆布、漁網、造紙，或和羊毛、蠶絲、棉花、人造纖維混織。

特徵　多年生灌木，全株被毛，高可達2公尺，莖叢生而少分枝。單葉，互生。圓錐花序，雄花序位在枝條下方，雌花序位在枝條上方，無花瓣。瘦果，種子細小。

用途　纖維料

現況　苗栗縣泰安鄉較多，宜蘭大同、花蓮卓溪次之。

別名　白葉苧麻、真麻、線麻、紵

英文名　ramie、china grass

苧麻是織夏布的良好材料

棉花與苧麻混織的布疋，柔軟、吸濕、透氣。

台北植物園展示晾晒中的苧麻纖維

莖皮纖維可紡成麻線
葉緣鋸齒狀
葉背白色，全株被毛。

| 龍舌蘭科 | *Polianthes tuberose* L. | 產期 6～10 月為主，11～5 月較少 | 花期 6～10 月為主，11～5 月較少 |

晚香玉

　　晚香玉原產於墨西哥、南美洲安第斯山脈，花朵潔白，尤以清晨或傍晚最為清香，深受國人喜愛，為俗稱的「夜來香」之一。

　　台灣的晚香玉育種，以嘉義大學園藝學系最積極也最有成就，經過多年努力，除了原有的單瓣白花品種之外，至少還育成淡黃、淡粉紅、淡紫、雙色等十餘個品種。

　　3～5月種植，經施肥、培土、灌溉，3個月後抽穗開花，可連續生產2～3年。之後種球老化，產量品質下降，宜挑選無病蟲害、直徑2公分以上、未開過花的圓錐形新球，晾晒風乾後重新種植。種球愈大，將來愈早抽出花莖。

葉細長叢生，開花前抽出花莖。

　　台灣栽培多用於生產切花，切花用品種以重瓣花為主，清晨或傍晚拔取，夏至秋季盛產，冬、春季節尚可外銷日本。單瓣品種除供切花，亦可抽取香精製作香水。

側生的圓錐形鱗莖，切下後可供栽培繁殖。

特徵　多年生草本，地下部具圓錐形的鱗莖，外被褐色薄膜。葉細長叢生，開花前抽出花莖，高可達1.2公尺，花莖上的葉片互生。穗狀花序，花兩兩成對而生，筒狀，花被6片，白色為主，單瓣或重瓣，蒴果。

用途　香花與香料

現況　屏東高樹最多、嘉義市、屏東萬丹、台中新社、雲林虎尾次之。

別名　夜來香、月下香

英文名　tuberose

▼不同花色的晚香玉

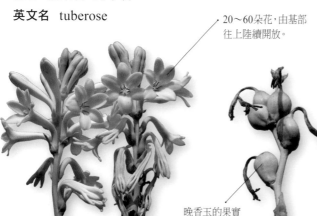

20～60朵花，由基部往上陸續開放。

晚香玉的果實

| 番荔枝科 | *Cananga odorata* (Lam.) Hook. f. & Thoms. | 產期 9 ～ 12 月盛產 | 花期 9 ～ 12 月最多，5 ～ 8 月次之 |

香水樹

　　香水樹原產於菲律賓、緬甸、馬來西亞、爪哇等熱帶地區。花朵芳香宜人，有「世界香花冠軍」的美譽，菲律賓土語稱為Ylang Ylang，意思「荒野」，也有人認為是指「花中之花」。有時也直接將屬名Cananga譯為「加拿楷」。

　　盛產於非洲科摩羅、馬達加斯加的貝島（Nosy Be）、留尼旺、菲律賓等地。花朵初開時綠色，漸次轉黃開始散發甜香，凋萎前香味最濃。通常於日出之前採花，晾乾後當天即應蒸餾，精油稱為「伊蘭油」（Ylang Ylang Oil），含伽羅木醇及其他複雜的酯類，可作定香劑，為高級香水（例如香奈兒5號）、化妝品、香皂、潤膚乳液的原料。精油可運用於芳香療法。南洋一帶的女性常用它混合椰子油保養髮絲，或在新婚夫妻的床上灑滿花瓣，增添甜蜜的氣氛。

　　日治時代引進台灣，各地零星栽培。根據林業試驗所的研究，香水樹適於春季播種，種子用50℃溫水浸泡2小時再播種，苗高0.5～1公尺定植，株距宜稍大，株高2公尺時將主幹截斷促使矮化並分枝。栽培環境日照需充足，蔭蔽處開花不良。採花以晴天清晨最宜，旱季的花尤佳，花色以黃綠色品質最優。在國外，5～6年生的香水樹即進入盛花期，可連續生產30～50年。

　　香水樹亦適合公園、校園綠美化，頗有推廣價值。

特徵　常綠喬木，高5～20公尺，胸徑可達60公分，枝條輪生下垂性。單葉，互生，葉緣波浪狀。花單一或2～5朵簇生葉腋，花徑可達8公分，花萼3枚，6瓣，內外輪各3片，初開時綠色，之後轉為黃色。漿果，熟時由綠轉黑，種子4～12粒。

用途　香花與香料

現況　各地零星栽培

別名　伊蘭伊蘭、伊蘭香、綺蘭樹、加拿楷

英文名　ylang ylang、ilang-ilang tree

新北市深坑區文山路3段106乙縣道之香水樹行道樹。

退輔會台東農場萃取的伊蘭精油

花單一或2～5朵簇生，下垂狀，外形像海星，初開綠色，之後轉黃。

葉片互生，長10～23公分，葉緣波浪狀。

| 番荔枝科 | *Artabotrys hexapetalus* (L. f.) Bhandari | 產期 4 ～ 10 月 | 花期 4 ～ 10 月 |

鷹爪花

　　鷹爪花原產於華南、印度、爪哇，明鄭時期引進台灣。每年夏至秋季開花，因鉤枝彎曲如鷹爪而得名。花型和香氣類似香水樹，但鷹爪花的葉面光滑，花瓣較厚而稍小，果實則較大。全台零星種植，以中南部的公園較為普遍。

　　根據《台灣通史》所載：「⋯蔓生，葉如菩提，向晚始開。花五、六瓣，色微黃，狀若蘭而香更烈。枝幹有刺，若鷹爪，故名。結子如橄欖，數十成團，台人植為籬落，高不可越。」花朵初開時尚無香味，轉成黃色時香味最甜，為製造香水之原料，也可作為婦女頭飾、燻茶之香料，放在水盤擺在案頭可滿室生香。果實狀似綠橄欖，熟時乳黃色，有香味，但不可食。

　　鷹爪花四季常綠，適合蔭棚、花架栽培。播種繁殖為主，長大後後需立柱或搭設花架供其攀爬，也可修剪成獨立樹供觀賞。

鉤枝末端形成花苞，初開的花為綠色。

新梢形成彎曲的鉤枝，狀如鷹爪，之後會著生花蕾。

初開的花朵和剛發育的幼果

特徵 常綠大型攀緣型灌木，無主幹，莖枝開張性，長3～5公尺或更長。單葉，互生，全緣，光滑無毛。花單一或簇生於鈎枝上。花被6片，由綠轉黃，有濃郁香氣。心皮10～25枚，在共同的花托上各自發育為漿果，紡錘形，成熟時乳黃色。種子一粒。

用途 香花與香料

現況 各地零星栽培

別名 鷹爪蘭、油蘭、鷹爪桃、雞爪蘭

英文名 climbing ylang ylang、eagle's claw、fragrant tail grape、tail grape

成熟的果實，無柄，有香味。

全緣，先端漸尖。

鈎枝

鷹爪花的開花枝

葉片互生

花被6片

種子

花瓣扭曲如鷹爪，光滑質厚，變黃後香味轉濃。

鷹爪花結果，10～20個聚集在同一個果梗上。

鳶尾科	*Crocus sativus* L.		產期 10 ～ 11 月	花期 10 ～ 11 月

番紅花

　　一般所稱的紅花，可能是指菊科的「紅花」，或是鳶尾科的「番紅花」。前者是整朵花（舌狀花）入藥，價格親民；後者是花朵中的「柱頭」當作香料，17萬朵鮮花重100公斤，只能得出1公斤的成品，若以重量衡量，是世界上最貴的香料。

　　每年農曆年前後，台灣的花市也有販售番紅花，不過是園藝用途的*Crocus vernus*（春番紅花、荷蘭番紅花），英文稱為Spring Crocus，簡稱Crocus，花期春天，花朵紫、白、黃等色，花柱粗而短，只適合觀賞，不具香料價值。

　　真正的番紅花是秋天開花的Saffron Crocus，簡稱Saffron。它的花汁是羅馬時代仕女們珍貴的染髮劑、亞麻布的染料、有名的強心活血藥，也是西班牙海鮮飯的高級調味料。早期透過陸運經由中亞、印度、西藏進入中國，習稱為「藏紅花」，很多人誤以為來自西藏。

　　番紅花屬於球根植物，一球的番紅花可開出1～5朵花，每一朵花只有一枚花柱（3裂的柱頭）。為避免花朵枯萎失去價值，必須大清晨人工採摘，將花柱分離，乾燥脫水後重量縮減為原來的四分之一，即可密封貯藏。

　　伊朗的氣候乾燥少雨，是世界最大的番紅花生產地，有數千年的栽培歷史，年產量360公噸，約佔全球九成。希臘、摩洛哥、西班牙、義大利等國也有栽培。台灣大概只有醫學院系曾教學性栽培，不論香料、藥材都是靠進口。

番紅花開花，花柱比花瓣還長。

特徵 多年生，具地下球莖。夏季休眠，10月萌芽長葉，葉5～15枚，線形。花被6片，藍紫色，具深色脈絡，花柱與花瓣等長或更長，常下垂。栽培種為3倍體故無法產生種子，需以人工分球方式繁殖。5月地上部枯萎，進入休眠。

用途 香花與香料、藥用與保健料、染料

現況 台灣無經濟栽培

別名 藏紅花、西紅花

英文名 Crocus、Saffron Crocus

乾燥的柱頭，可當香料或入藥。

柱頭有3

花柱

花謝之後的番紅花，4～5月葉片逐漸枯萎。

花市常見的「春番紅花」，柱頭很短，不當香料。

番紅花於10月萌芽長葉，葉片線形。

| 唇形科 | *Lavandula* spp. | 產期 7～8 月 | 花期 5～8 月為主 |

薰衣草

　　薰衣草是國人熟知的香料作物，花具濃香，主要產地包括法國南部、日本北海道、澳大利亞、義大利、西班牙、中國新疆伊犁等溫帶地區。較適合台灣平地生長的有羽葉薰衣草（*L.avandula pinnata*）、齒葉薰衣草（*L.avandula dentate*）、甜薰衣草（*L.avandula allardii*）與法國薰衣草（*L.avandula stoechas*）等。

　　耐寒性強，忌高溫多濕，以陽光普照之開闊地栽培較佳。早春或秋季修剪，宜保留尚未木質化之新枝，若剪到木質化部分植株易衰弱死亡，夏季花謝後可剪去花穗。夏季最好加以遮雨，可適度維持生長與品質。

　　全株含有精油，呈透明或淡黃色，每公噸的薰衣草可蒸餾萃取1公斤精油，尤以花朵含量最高，為製香水、香精、肥皂的原料。花序可直接放在室內薰香，或吊掛風乾做成花束。乾燥後也可製成香枕、香包或衣櫥薰香劑。

特徵　多年生草本，呈叢生狀，高30～60公分。全株的絨毛均藏有油腺，輕輕碰觸即釋出香味。葉全緣、鋸齒緣或羽狀，輪生或對生。穗狀花序，花梗長5～15公分，花冠唇形，淡紫色、藍色或白色。種子橢圓形。

用途　香花與香料

現況　各地零星栽培。較適合台灣平地生長的品種：（1）羽葉薰衣草：精油具刺激性，主要供觀賞。（2）齒葉薰衣草：在台灣適應良好，冬季能大量開花。（3）甜薰衣草：比較耐熱，葉片香甜，可切碎加入糕餅、果凍、茶包中食用。（4）法國薰衣草：精油具刺激性，適宜提煉精油，以觀賞為主。

英文名　lavender

乾燥的薰衣草可以熱水沖泡飲用，製成香枕、香包。

全株均藏有油腺，輕碰即可釋出香味。

法國薰衣草的特徵是兔耳狀的苞葉

甜薰衣草為雜交種，在台灣可大面積栽培。

羽葉薰衣草的葉片成二回羽狀複葉

齒葉薰衣草的葉緣呈鋸齒狀

唇形科	*Rosmarinus officinalis* L.	產期 全年	花期 2 ～ 10 月為主

迷迭香

迷迭香原產於南歐地中海沿岸，傳說聖母瑪莉亞曾被一種灌木的樹枝勾掉身上的藍色外衣，這種灌木從此開出藍色小花，也就是迷迭香。全株具有芳香成分，廣泛使用於香水、芳香料及調味料。

國內引進的品種很多，如藍小孩（Blue Boy）、雷克斯 （Rex，寬葉迷迭香）、聖芭芭拉（Santa Barbara）、塞文海 （Severn Sea，匍匐迷迭香）、粉花馬傑卡 （Pink Majorca）等，香花、盆花、食用等用途不一。直立性品種較適合生產精油，稱為迷迭香油，顏色幾近透明或呈淡黃色。匍匐性品種的葉適於食用，可供臘腸、醃肉、烤羊排之佐料，或直接放入口中嚼食以消除口臭，亦可泡茶飲用。乾燥後可裝入枕頭或做成香包，可舒緩壓力、增強記憶。磨粉後撒於義大利麵可供調味，與麵粉混合可烘焙成帶有香氣的麵包。法國南方的養蜂人家喜歡以迷迭香當作蜜源植物，釀成的蜂蜜品質極佳。

性喜質輕、通氣性佳的土壤，忌多雨潮濕，夏季驟雨後易染病死亡，最好能有遮雨設施，日照應充足，可以播種、扦插、壓條或分株繁殖。

特徵 常綠矮灌木，全株具香氣，直立或匍匐，高0.5～2公尺。單葉，對生，兩緣反捲，具斑點狀油點，背面具綿毛。總狀花序，藍色、紫色、粉紅色或白色。種子橢圓形咖啡色。

用途 香花與香料

現況 各地零星栽培

別名 瑪莉亞玫瑰、海之露

英文名 rosemary

市售的乾燥葉片，可熱水沖泡飲用。

單葉，對生。

花冠唇形，上唇2裂，下唇3裂。

樟科	*Cinnamomum camphora* (L.) Presl	產期 全年均有，樟腦以冬季含量較高	花期 2～4 月

樟樹

　　樟樹原產於長江以南、越南、日本、琉球群島，台灣也是樟樹的原鄉，平地至1800公尺山區都有野生，雲林古坑樟湖、嘉義阿里山樟腦寮、新北市汐止樟樹灣等地名都和樟樹相關。

　　從晚清開始，台灣的樟腦即為重要的出口品。最開始是為了種稻子和造船而砍伐平地的樟樹，順便提煉樟腦，艋舺、新竹、大甲、後龍都是當時著名之樟腦集散地。日治時期日人有計畫的驅使台籍「腦丁」入山砍伐，樟腦產量占全球八成，以致光復後野生樟樹林所剩不多。

　　全株富含精油，化學成分多達60餘種，如芳樟醇、樟腦、黃樟油素、龍腦等，都是重要的化工原料。將樹幹砍下削成薄片，以水蒸氣蒸餾粗製成樟腦（結晶狀）及樟腦油（液油狀）。再經分餾成其他成分，可精製成許多工業產品。但現今市面上常見的樟腦丸主要成分為萘、對二氯苯，屬於合成樟腦，長期使用有致癌之虞。除了提煉樟腦，供賽璐珞、香料、醫藥、香水原料等用途外，木材可供建材、家具、雕刻。種子可搾油供工業用。亦為著名的綠美化樹種，並廣植為行道樹，以南投縣集集到名間的台16線綠色隧道最為知名。

蒸餾冷卻成樟腦沙

將樹幹刨碎，即可蒸餾粗製成樟腦沙。（攝於苗栗銅鑼）

樹幹有縱向深構裂

特徵 常綠大喬木，高可達20公尺或更高，全株有芳香氣味。葉片互生，平滑無毛，3出脈。圓錐花序，生於枝梢或葉腋，花被6～8片，白色。漿果，球形，直徑約0.6公分，成熟時黑色，種子1粒。

用途 香花與香料、油料、藥用與保健料。

現況 北部地區為主，桃園、新竹、苗栗、南投、嘉義等西部丘陵地和山區野生，各地普遍栽培。

別名 樟、本樟、芳樟、栳樟

英文名 camphor tree、comphor wood

天然的樟腦油已不多見

木材芳香，可製家具。

未熟果，綠色。

平滑無光，3出脈。

花被6～8片，白色。

| 木蘭科 | *Magnolia coco*（Lour.）DC. | 產期 5～10 月 | 花期 5～10 月較多 |

夜合花

　　夜合花原產於華南及越南一帶，東南亞國家普遍栽培。樹姿直立而瘦長，葉數不多。花苞球形，夜間開花，但通常不完全展開，花朵潔白有香味，尤以入夜後最香濃，為客家婦女喜愛的香花植物。

　　性喜溫暖氣候，適合露地或大型花盆栽培，日照、排水宜良好，繁殖以高壓為主，幾乎全年都可開花，但以夏季為主，各校園、庭院、寺廟或公園常見，並可入藥。花朵蒸餾可抽取精油製作香水，或作為茶葉薰香的原料。

特徵　多常綠灌木或小喬木，高2～4公尺。葉片互生，長橢圓形，尾端銳尖，兩面均無毛。花單生於枝條頂端，苞片綠色，花被6片，乳白色，芳香，但易凋謝。菁葖果，種子橢圓形，紅色。

用途　香花與香料

現況　各地零星栽培，南部較多。

別名　夜合、夜香木蘭、香港玉蘭

英文名　coco magnolia

葉長橢圓形，尾端尖銳。

花下垂，外型圓渾，芳香宜人，可惜花瓣易凋落。

以絲狀株柄和果實相連

紅色種子

菁葖果綠色，狀似小型佛手柑。

木蘭科	*Michelia alba* DC.	產期 4 ～ 7 月最多	花期 4 ～ 12 月

玉蘭花

　　玉蘭花是極受國人喜愛的香花植物，尤以花苞變成乳白色時香氣最濃，常見小販提著花籃沿路兜售，為室內、愛車的高級花飾。

　　原產於印度、爪哇至華南一帶，木材可供造船、製做小器具或雕刻。台灣引進栽培已有300餘年，為著名的觀賞樹木。樹皮可入藥，花瓣可食用，並蒸餾或萃取香精，主要成分為伽羅木醇，為高級香水、化妝品之原料。亦為茶葉賦香的原料，將花瓣分離切碎後和茶葉充分混合吸香，每100斤茶葉需用2～5斤花朵作原料。可單獨使用，或與茉莉花、秀英花混合窨製以增加香氣，但目前使用情形並不多。

　　通常以高壓方式繁殖，適合露地或以大型花盆種植，適時斷根或環狀剝皮可抑制徒長，促進開花。

特徵　常綠喬木，高可達15公尺，幼枝為綠色。葉片互生，長10～27公分，平滑無毛，葉緣略呈波浪狀。花單生於葉腋，花被9片，白色。蓇葖果，但通常不結果。

用途　香花與香料

現況　屏東高樹、鹽埔最多，其餘各地零星栽培。

別名　白玉蘭、玉蘭、銀厚朴、白蘭、望春花

英文名　yulan、white champac、champacany-puti、white jade orchid tree、white michelia

全開的白玉蘭，花單生於葉腋。

葉片互生，先端漸尖。

玉蘭花花單生於葉腋。

玉蘭花花苞，可採下串成花串。

木蘭科	*Michelia champaca* L.	產期 4～7 月較多	花期 4～12 月

黃玉蘭

　　黃玉蘭俗稱金玉蘭，為佛寺庭院常栽培的六花之一，花朵橙黃色並富含香氣，雖然國內栽培不若白玉蘭普遍，但在國際間是有名的香花植物。常以高壓或嫁接繁殖，因容易結果故亦可播種繁殖，但應隨採隨播以提高發芽率。適合露地或大型花盆種植，並以斷根或環狀剝皮方式促進開花。

　　原產於喜馬拉雅山東部海拔1,000公尺以下山區及印度、尼泊爾、馬來西亞一帶，樹幹可供建材，花瓣可提煉香精，為高級香水、化妝品原料，亦為茶葉賦香的原料。葉片經水蒸氣蒸餾可抽取油質，為高級香料的原料。

　　黃玉蘭很容易結果，常可發現樹枝上的蓇葖果不整齊的排列成串珠狀，造型頗為奇特。

特徵　多常綠喬木，高可達15公尺，幼枝及芽綠色。葉片互生，先端漸尖，長10～27公分，葉緣波浪狀。花單生於葉腋，橙黃色，花被13～20片。蓇葖果，橢圓形，表面具大小不一的皮孔，種子2～6粒，有稜角，紅色。

用途　香花與香料

現況　各地零星栽培

別名　金玉蘭、金厚朴、金香木、黃蘭

英文名　champak michelia、champac michelia、champac

含苞初放的黃玉蘭

葉緣波浪狀

花朵橙黃色

葉片質感比較薄，蓇葖果排列成不規則型。

木蘭科	*Michelia fuscata*（Andr.）Blume	產期 3 ～ 5 月	花期 全年，3 ～ 5 月較多

含笑花

　　含笑花原產於華南各省，清初引進台灣，目前各地普遍栽培，因為花朵初開時並不完全綻放，有如含著微笑般，故名。

　　可用嫁接繁殖，花期很長，尤以春夏季最盛，多於夕陽西下時綻放，此時香味最濃，空氣中會瀰漫甜甜的香蕉味，十分宜人，俗稱香蕉花，英文名banana shrub也有相同涵意。性喜日照充足、高溫多濕的環境，可栽於池邊空氣濕度高的環境。主要供庭園、盆景、綠籬觀賞用。花苞採下可作包種茶之薰香料，亦可做室內香花、婦女髮飾。

花瓣質地厚實，散發香蕉之香甜味

特徵　常綠灌木，高1～4公尺，嫩枝、花苞密生黃褐色絨毛。單葉，互生，革質。花單生於葉腋，乳白色，近基部為紫紅色，花被6片，具芳香。蓇葖果，成熟時褐色。種子1粒，紅色。

用途　香花與香料

現況　各地零星栽培

別名　荷花玉蘭、含笑、含笑梅、笑梅、香蕉花

英文名　banana shrub、banana magnolia、dwarf champak

雌蕊綠色

雄蕊橘紅色

含笑花結果，不常見。

葉革質

含笑花種子，紅色假種皮。

楝科	*Aglaia odorata* Lour.	產期 7～10 月	花期 3～11 月

樹蘭

　　樹蘭原產於廣東、廣西至東南亞、印度一帶，是庭院常見的香花植物，小黃花直徑約 0.2公分，一顆一顆極似小米，又稱為珠蘭、米蘭。以壓條繁殖為主，盆栽者宜選用大型花盆，露天栽培可修剪成綠籬，若任其生長可長至5～6公尺高。花期以夏季至秋季為主，芳香馥郁，很受國人歡迎。

　　花朵為包種茶燻香之香料之一，每年採收3回，以8月採收者為最佳，每100斤茶葉約需20斤的花材，當茶葉乾燥冷卻後混入花材吸香一晝夜，再以文火烘焙即成，不需篩分，為早年輸往南洋重要的農產品，但目前應用不普遍，且價格不高。樹蘭亦可製線香，或萃取精油當作香水、化妝品的原料。

特徵　常綠灌木至小喬木，高1～6公尺。羽狀複葉，互生，葉軸和葉柄具狹翅，小葉5～7枚，對生。圓錐花序，腋生，單性花，花小，5瓣，黃色，有芳香。漿果，熟時紅色。

用途　香花與香料

現況　彰化八卦山較多，各地零星栽培。

別名　珠蘭、珍珠蘭、碎米蘭、米蘭、米仔蘭、魚子蘭

英文名　orchid tree、mock lime、chinese rice flower、chinese perfume tree

漿果，成熟時紅色，但不常結果

花序腋生

羽狀複葉，小葉對生，全緣，有光澤。

每個花序由數十朵小花組成。

| 桃金孃科 | *Melaleuca leucadendron* L. | 產期 夏～秋 | 花期 8～11 月為主 |

白千層

　　白千層原產於澳洲，其樹皮由片狀木栓組織所構成，層層似海綿而富彈性，功用類似防火衣，在乾旱而易發生野火的澳洲，可降低火災對樹體的的傷害。

　　日治時期引進台灣，為校園、公園、街道常見樹木，並為平地造林樹種之一。枝葉茂密，可列植成防風林。葉片和嫩枝含玉樹油（白樹油、白千層油、cajuput oil、oil of kaju puteh），黃綠色，清新略刺鼻帶有樟腦味，可蒸餾收集供藥用，殺菌、消炎、提神效果甚強，為白花油、綠油精及萬金油等藥品的成分之一，亦可做為香料。近年來苗栗縣政府利用修剪後的廢棄樹枝葉粹取精油做成香皂贈送給民眾，很受歡迎。

　　白千層因為花粉數量多，有些人吸入後會產生過敏，常被歸類為「有毒植物」。事實上白千層對環境和空氣污染的適應性很強，抗風、抗旱、耐熱且病蟲害不多，對人體並無直接害處。

白千層適應性很強，病蟲害不多。

林業試驗所用白千層樹葉提煉製作的精油膏。

特徵　常綠喬木，木栓層發達而易剝落。葉片互生，平行脈五出；葉柄赤色。穗狀花序，生於枝端，花5瓣，白色，雌雄蕊亦為白色。蒴果，圓形，數十個附著於枝上，成熟 3裂，種子細小，可播種繁殖。

用途　香花與香料

現況　各地普遍栽培

別名　剝皮樹、脫皮樹、白瓶刷子樹、千層皮、玉樹

英文名　cajuput tree、paper-bark tree、punk tree

果序頂端會繼續長出新枝葉

蒴果，圓形，數十個附著於枝上。

穗狀花序生於枝端，白色，狀如瓶刷。

木樨科	*Jasminum officinale* L.	產期 6 ～ 10 月為主	花期 6 ～ 10 月

秀英花

　　若問起3重、蘆洲在地居民，什麼是當地最重要的香花植物？他們一定會回答「秀英花」。曾聽同事談起：當她小時候，姊姊們常一起下田採收秀英花，然後交給販商，送到茶場當作薰茶的香料，並收取微薄的工資貼補家用。這麼溫馨的回憶，隨著高速公路開闢、鐵皮工廠林立而日漸消褪，幾乎失去她的芳蹤。

　　在一次偶然的機會，得知有位農民保留一叢秀英花，於是我挑個暖和的冬天前往拜訪，好令人興奮！植株高1～2公尺，從基部分蘗叢生，枝條具開張性，病蟲害不多，看了就很喜歡。

　　據農友回憶，秀英花是光復初期至國民政府撤台期間最高級的薰香料，通常在花苞開展前一天下午採收，當花剛開放時香氣最濃郁，利用鮮花吐香和茶葉吸香的特性，製成含有花香的茶葉。每100斤茶葉使用15～20斤花苞。秀英花和茉莉花、素馨花同屬，都可作香水原料，但秀英花價格高出茉莉花、桂花、梔子花甚多，1斤的花蕾可換100多斤的白米，製成包種花茶外銷大陸東北、日本或南洋，許多人因而致富，大家都想種秀英花。

漿果，約紅豆大小。

　　可用分株、壓條繁殖，生長頗快且不難照顧，花期結束後將枝條截短可促進來年分枝開花。這麼芬芳的植物，如果有機會真應該多種幾棵。

特徵　多年生灌木，莖直立叢生多分枝，有稜，植株無毛，高1～2公尺，奇數羽狀複葉，對生，小葉7～9枚。聚繖花序頂生，花5瓣，潔白芳香。漿果，但不常結果。

用途　香花與香料

現況　早期以3重、蘆洲、淡水最多，目前極少栽培。

別名　素方花、四英、素馨

英文名　common white jasmine

開花中的秀英花

花朵開於枝端或葉腋

奇數羽狀複葉

花5瓣

羽狀複葉對生

| 木樨科 | *Jasminum sambac* (L.) Ait. | 產期 5 ～ 10 月，6 ～ 8 月盛產 | 花期 4 ～ 11 月 |

茉莉花

　　茉莉花是家喻戶曉的香花植物，為目前台灣薰製茶葉的主要香花。原產於阿拉伯至印度，光緒年間傳入台灣。早年以台北栽培最多，薰茶後供內外銷，後來台北的農地逐漸減少，彰化縣花壇鄉乃取代成為最大產地，有「茉莉花故鄉」之美稱。

　　通常於晴天午後摘採含苞的花蕾，傍晚花苞打開香氣最濃時混入茶葉中使吸收花香，12～18小時後再將茶葉烘乾即成茉莉花茶或香片。在大陸亦有用茉莉花薰製鼻菸。花可入藥，有清熱、解毒的作用；花瓣亦可加入果凍中食用。

　　喜歡溫暖濕潤的環境，普遍作盆花、綠籬觀賞，若加以固定亦能攀緣生長，例如台北植物園荷花池畔的茉莉花架。性喜全日照，花謝之後適度修剪可促進再次開花。可蒸餾或冷吸萃取精油，每3～3.5公噸的花瓣僅可生產1公斤的精油，價格不斐，為化妝品、香水、香皂、沐浴乳之高級香料。

特徵　多年生蔓性灌木，高1～4公尺，單葉，對生。花單生或繖房花序，單瓣或重瓣，潔白芳香，凋謝前呈粉紫色或淡紫色。漿果，但幾乎不結果。

用途　香花與香料

現況　彰化縣花壇鄉最多、其次為屏東鹽埔、枋寮、潮州、新埤。

別名　木梨花、鬘華、誓約花

英文名　arabian jasmine、jasmine

乾燥的花蕾可直接或混合
其他香花泡茶飲用

花開於枝梢

葉卵圓形，對生。

重瓣的茉莉花，栽培情形較少。

禾本科	*Cymbopogon citratus*（DC.）Stapf	產期 7 月、11 月	花期 2～7 月

檸檬香茅

　　檸檬香茅的外型類似香茅草，栽培一直不多，近年來香草植物流行，檸檬香茅亦成為熱門的香料食材之一。

　　常見的為檸檬茅（西印度香茅，*Cymbopogon citratus*），另有蜿蜒香茅（東印度香茅，*C. flexuoxus*）但較少見。由葉片蒸餾萃取之精油稱為檸檬草油（lemongrass oil），其檸檬醛（citral）成分高達70～85％，呈黃色至紅棕色，味道強勁，微甜，帶有檸檬香味，價格較香茅油高2～3倍，可供香水、香皂、洗髮精、芳香劑、食品香料使用。檸檬香茅主要用於烹調料理，新鮮或乾燥的葉片可直接沖泡飲用，東南亞料理常用它作為肉類、海鮮的香料，根可用來煮泰式酸辣湯，或做火鍋的湯頭。檸檬香茅用途很多，還可用於消毒、殺菌、除蟲。稀釋後具有恢復精神，消除疲勞，舒緩頭痛的療效。和玫瑰、洋甘菊、香蜂草、鼠尾草一起沖泡熱水澡，可重現肌膚光彩活力，促進新陳代謝。

　　分株繁殖，種於大型盆栽可隨時取用，亦可列植作庭園綠籬美化環境。

特徵　多年生常綠草本，分蘗性強，叢生，葉鞘紅色。外型似香茅草但較矮小，高
　　　　80～100公分，葉寬約 1 公分亦較狹窄，葉質較硬挺，葉色濃綠。揉捻其葉會
　　　　散發檸檬香味。

用途　香花與香料、香辛調味料

現況　苗栗、南投較多，各地零星栽培。

別名　檸檬草、檸檬茅

英文名　lemon grass

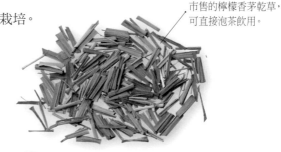

市售的檸檬香茅乾草，可直接泡茶飲用。

葉片質感較硬，下垂情形較不明顯。

退輔會台東農場蒸餾萃取的檸檬香茅精油。

進口的檸檬香茅，可用來泡茶。

葉寬僅約 1 公分

| 禾本科 | *Cymbopogon witerianus* Jowitt | 產期 7 月、11 月 | 花期 2 ～ 8 月 |

香茅草

爪哇香茅開花情形

香茅草盛產於印度、斯里蘭卡、爪哇、馬來西亞等地，為一種葉片含有精油成分的禾草，蒸餾所得的精油稱為香茅油（citronella oil）。

台灣光復後曾大量栽植，香茅油產量高居世界第一，為重要外銷農產品，主要分布於苗栗縣、南投縣丘陵區，尤以大湖鄉最多，可說是世界香茅油的交易中心。民國57年人工香茅油合成，天然香茅油價暴跌遂被人遺忘。近年來才又開始流行，各香草園常見栽培。香茅草喜好溫暖濕潤、排水良好及向陽之肥沃壤土，分株繁殖，會自行分蘖成叢，可用大型花盆栽培。

香茅草的葉片質感較軟，先端常下垂。

較常見的栽培種為爪哇香茅（*Cymbopogon witerianus* Jowitt），另有錫蘭香茅（*C. nardus*）但較少見。栽植約半年後收割葉片，日晒至30～40%乾燥程度後蒸餾抽取精油，爾後每年收割二次，5年後植株老化產油能力降低，應重新分株種植。

香茅油呈淡黃色，主要成分為香茅醛（citronellal）和香茅醇（citronellol），味道類似檸檬，略為刺鼻，可提振精神，使思緒清新，為香水、香皂、殺菌劑、防蚊液、清潔劑之香氣原料。

特徵 多年生草本，分蘖性強，叢生。外型似芒草但扭擰其葉會散發香味。高100～150公分，葉互生，細長形，邊緣有細鋸齒，中肋明顯，葉色鮮綠，葉鞘暗紅。圓錐花序，穎果。

用途 香花與香料

現況 台東、南投、苗栗、彰化、花蓮較多。

別名 香水茅、香茅、爪哇香茅

英文名 citronella、java citronella grass

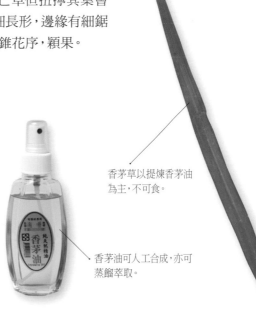
香茅草以提煉香茅油為主，不可食。

香茅油可人工合成，亦可蒸餾萃取。

苗栗縣至今仍有少量的生產香茅油

瑞香科	*Aquilaria sinensis* (Lour.) Gilg	產期 全年	花期 3～4 月

沉香

　　沉香是沉香屬的一種，樹皮淺灰色，又稱「白木香」。特產於中國海南、廣東、廣西、福建。當樹幹被一種甲蟲啃食、受到外傷或黴菌感染時，會流出樹脂自衛，久而久之顏色變深、密度增加且產生香味，俗稱「結香」，採伐陰乾即為「沉香」。宋朝時已在香港一帶大量種植，並運往蘇州、杭州銷售，製成薰香、名貴香料。

常綠小喬木，未開花時常被誤認為榕樹。

　　如果只是輕傷，樹脂分泌少，密度小，半沉浮於水中，為板沉香。若受重創樹脂分泌多，密度大沉入水底，為水沉香。水沉香的數量較少，價格較高。沉香可入藥，可治胃病。上等的沉香亦被珍藏，有「一兩沉香一兩金」的說法。可用於燃燒薰香、提取香料、雕刻，或當成香木擺設。在印度和中東，沉香也被視為傳統藥材。

　　天然沉香的需求很大，在中國已禁採，但山老鼠仍設法盜伐。華南、越南、台灣南部都有人工栽種。並由早期的砍傷、斷枝、打釘、鑿洞，改良成人工接種黴菌以促使結香。沉香亦用來萃取精油，每70公斤木材約可蒸餾20毫升的精油，稱為「oud oil」，可調製香水。最頂級的精油，每公斤價值高達160萬元。

特徵　常綠喬木，高6~10公尺。單葉，互生，兩面光滑。嫩枝被毛。繖形花序，花黃綠色，芬芳。蒴果，木質，密被短毛，成熟時轉黑。種子2枚，基部具有附屬體，以絲線與果實相連。

用途　香花與香料

現況　嘉義以南較多，其他地方零星栽培

別名　牙香、牙香樹、白木香、蜜香樹、莞香樹、土沉香、女兒香

英文名　agilawood、white wood incense

種子基部具有附屬體

蒴果成熟裂開

葉片長約7公分，互生。

蒴果木質，長2.5～3公分。基部有宿存的花萼筒。

沉香開花於枝端葉腋

檀香科	*Santalum album* L.		產期 夏季為佳	花期 5～8 月

檀香

　　檀香屬植物大約有18種，澳洲原產6種，夏威夷原產5種，新幾內亞、新喀里多尼亞、萬那杜、斐濟、東加、紐埃等太平洋熱帶島嶼也有原生的檀香。至少8種的木材因富含香氣而遭濫採，智利外海的智利檀香已因此而絕種。

　　其中，檀香（*S. album*）的經濟價值最高。幼樹的心材白色，又名白檀。樹齡漸增，心材加深為黃褐色，香氣強烈，很受東方人喜歡，是名貴的藥材和香料，很早即引進印度，並隨著佛教傳入中國。常製成木粉、木條、檀香扇、線香。可入藥，有抑菌等效。材質堅硬，紋理緻密，抗白蟻，常雕成佛像、器物。可蒸餾精油，加入其他香水中使香味穩定持久，是很好的定香劑。印度栽培最多，產量最大。斯里蘭卡、東南亞、中國南部、澳洲北部等也有經濟生產。

　　台灣南部也有種植，但實際應用的還很少，所需原料幾乎都靠進口。市場上，被譽為極品的「老山檀香」香味最醇，出自印度，但野生大樹已很少見，除非經過官方許可，嚴禁私自砍伐、切割和販售，並禁止出口木材。

　　檀香屬植物為半寄生性，能自己行光合作用，但根系會以非破壞性的方式寄生於其他植物的根部，以便獲取養分。因此，市售的檀香苗，苗盆中都會共植一棵寄主植物，寄主的種類很多，台灣最常用的是芸香科的月橘。

　　美國的夏威夷州盛產許多種的檀香，在18世紀時曾大量砍伐，數千噸的木材從Honolulu（火奴魯魯，原意是避風港、平靜的港口）飄洋過海外銷到中國，因此中國人習稱這個集散港口為「檀香山」。

特徵　常綠小喬木，高可達10公尺。單葉，對生，全緣，橢圓狀卵形。圓錐花序，生於葉腋或枝端，無花瓣，花被4裂。雄蕊4枚，柱頭3裂。核果，直徑約1公分，熟時深紫紅至紫黑色。

用途　香花與香料

現況　南部較多，其他地方零星栽培。

別名　白檀、印度檀香

英文名　indian sandalwood、sandalwood

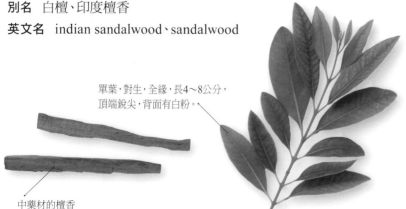

單葉，對生，全緣，長4～8公分，頂端銳尖，背面有白粉。

中藥材的檀香

花初開綠黃色，後轉為棕紅色。

木樨科	*Osmanthus fragrans* Lour.	產期 8～9 月最多	花期 全年均有，8～9 月最多

桂花

　　桂花為著名的香花及觀賞植物，象徵富貴，深受國人喜愛，古人常以桂子蘭孫、桂馥蘭薰稱頌他人的子孫優秀而昌盛。在台灣的婚嫁習俗中，也常以桂花陪嫁，象徵早生貴子。各大庭院、廟宇常對植配置，一般家庭多盆栽、單植或種成綠籬。

　　有金桂、銀桂、丹桂、四季桂等不同品種，四季桂四季均可開花，秋季尤盛，故農曆8月又稱「桂月」。花極芳香，為薰茶之香料，如桂花烏龍與桂花紅茶。每100斤茶葉需花材20～25斤，將花朵攤開散熱去水後與茶葉拌合，窨製18～20小時烘乾即成。若直接將鮮採或晒乾的桂花加入茶葉中沖泡飲用亦無不可。亦可提煉芳香油，製造香水，或做成桂花露、桂花酒、桂花糕。木材緻密而堅韌，可供雕刻或製成小器具。

特徵　常綠灌木或小喬木，高可達3公尺。單葉，對生，橢圓形，革質，鋸齒緣。雌雄同株或異株，花簇生葉腋，極為芳香，黃白色為主，4裂。核果，熟時紫黑色，但在台灣極少結果。

用途　香花與香料

現況　各地零星栽培

別名　巖桂、木犀、九里香

英文名　sweet osmanthus、osmanthus

葉對生，有鋸齒緣

乾燥後的桂花，可泡茶飲用

花冠 4 裂，芳香

花簇生葉腋，黃白色為主。

木蘭科	*Michelia compressa* (Maxim.) Sargent var. *formosana* Kaneh.	產期 12 ～ 2 月	花期 12 ～ 3 月

烏心石 特有種

尚未成熟的蓇葖果

烏心石是台灣珍貴的闊葉一級木，分布於全島100～1800公尺闊葉林中，樹勢高大，為著名良材，最為人熟知的用途是當作高級砧板，經久使用仍不耗損且不掉木屑，深受肉攤喜愛。

因其橫切面色澤暗陳而質堅如石，故名。亦可製作廚櫃、家具、建材、農具、樂器、雕刻、工具柄。樹形優美，終年常綠，平地栽培亦能正常開花結果，也是平地造林樹種之一。花極似玉蘭花但較小，潔白而清香，可當作香精原料或香花。果實於9～10月成熟裂開，種子紅色極為醒目，但極易乾燥變色失去發芽力，採下後應立即播種，培養成苗後種植於庭院或大型盆栽。

烏心石作成的砧板

另有一種蘭嶼烏心石（*Michelia compressa* var. *lanyuensis* S. Y. Lu），葉片較大，分布於蘭嶼，為木造拼板舟的材料之一。目前各地校園、公園頗為常見，並廣植為行道樹。

特徵 常綠大喬木，高可達20～30公尺，主幹通直，樹徑可達1公尺。單葉，互生，光滑無毛。花單生於葉腋，乳白色，9～12瓣，芳香。蓇葖果，8～14個集生於果軸上，成熟裂開，種子2～3粒，紅色。

單葉，光滑無毛。

用途 香花與香料

現況 各地零星栽培，低至中海拔闊葉林中原生。

別名 台灣烏心石、台灣含笑、扁玉蘭

英文名 formosan michelia

花單生於葉腋，乳白色。

花極似玉蘭花但較小，花瓣易脫落。

成熟的種子

蘭嶼烏心石，葉片比烏心石大。

爵床科	*Strobilanthes cusia*（Ness）Kuntze	產期 6～9 月	花期 8～10 月

馬藍

　　馬藍原產於印度、中南半島、華南、日本九州等地，台灣北部、中部低海拔森林中也有分布，性喜陰涼潮濕的環境，可用扦插繁殖，並連續生產4～5年。為藍染的主要原料，早期曾大量栽培，尤以台北近郊最多，為100多年前台灣第3大出口產業，當時的艋舺與大稻埕即是藍靛染料與染坊的集散地，靛藍的船貨量僅次於米與煤，每年平均輸出約二萬一千擔，價值約十五萬銀圓。泉州、福州、溫州、寧波、天津的商人甚至把苧麻等布料送到台灣染色，然後再運回大陸銷售，或交換棉布、鐵器、藥品等物資。

　　馬藍是目前台灣最常見的藍染植物，但應用情形也不多。將葉子採下泡入水中，再投入石灰攪拌，沉澱的「藍泥」就可作為染料。再加上葡萄糖或酒完成「建藍」，即可量染布料。後來日本發明先加熱再醱酵的方法，所得的靛藍可達78％，產量較高。現今陽明山、南港、文山、3峽一帶仍有少量栽培，通常於端午節、中秋節前後各採收一次。

　　台灣馬藍 （*Strobilanthes formosanus* Moore）亦可作藍靛原料，主要分布於中北部半遮蔭的山區林緣，為台灣特有種。兩者主要差別是馬藍葉片光滑無毛，花無梗；台灣馬藍葉片兩面有毛，花梗極長。

3峽迄今每年都舉辦藍染節活動，活動旗幟上便繪有馬藍。

特徵 多年生草本，高30～100公分。莖多呈方形。單葉，對生，長7～20公分，鋸齒緣。花無梗，對生而排成穗狀，花冠筒狀，淡紫色。蒴果，光滑無毛。種子4粒。

用途 染料（染布、繪畫原料）

種植 中北部低海拔山區闊葉林內野生，北部有零星栽培。

別名 山藍、山菁、南板藍根、大菁。

英文名 rum、assam indigo、common conehead。

馬藍，葉子無毛。

台灣馬藍

花無梗

花筒狀，似彎曲的喇叭。

莖節基部明顯膨大

台灣馬藍的葉子有毛

| 漆樹科 | *Mangifera indica* L. | 產期 3 ～ 10 月均有，4 ～ 7 月盛產 | 花期 2 ～ 3 月盛開 |

芒果

　　芒果盛產於印度，當地人稱為「愛情之果」，因為他們相信芒果象徵愛情和幸福，每到開花季節，就有許多情侶在芒果樹下互訴衷情，進而結成連理，我們稱酸酸甜甜的芒果蜜餞為「情人果」，也許是這樣的典故。

　　俗稱的「土芒果」為荷據時期所引進，至今中南部仍有許多「土芒果大道」，樹齡達數十年，行經期間每每引發思古之幽情，深具地方特色。

　　在日本，芒果屬於稀有果樹，每顆愛文芒果售價高達500日幣仍供不應求，必須從墨西哥、菲律賓大量進口，台灣近年來也積極搶攻日本市場，並成功外銷韓、美、紐、澳、智利等國。國際市場上，芒果罐頭、果汁、乾片、飲料、果醬均極受歡迎。

　　芒果樹的用途很多，木材可做建材、家具、箱櫃；樹皮、樹葉可提製黑色染料，加入石灰後可製作綠色染料，但實際應用並不多。

特徵　常綠喬木，高3～20公尺。單葉，互生，光滑無毛。圓錐花序，著生於枝梢，每花序花數可達1,000朵以上。花5瓣，淡黃色，有酸臭味，會吸引蠅類授粉。核果，種子1枚，放太久即失去發芽力。

用途　染料

現況　全島均有，台南、屏東、高雄最多。

別名　檬果、檨仔、蜜望子

英文名　mango

愛文芒果在國際市場上頗受青睞

芒果開花，具特殊酸味，常吸引麗蠅授粉。

單葉、光滑無毛。

菊科	*Carthamus tinctorius* L.	產期 3 ～ 6 月	花期 3 ～ 5 月

紅花

　　日本動畫《兒時的點點滴滴》裡，妙子為了擺脫都會生活的壓力，請假到山形縣旅行。在回返東京的火車上，妙子看著窗外，腦海中不斷浮現兒時的往事，最後決定留在鄉下追求自己嚮往的生活。故事背景中農家的經濟作物就是紅花。由於葉片、花苞帶刺，據說採收時扎傷手指流出鮮血將花瓣染紅，故名。

　　可能原產於西亞、地中海沿岸，自古即為重要的紅色染料，也是婦女胭脂的來源，主要產地是印度、墨西哥。台灣曾引進試種，中南部平原二期水稻收獲後（11～12月）為播種適期，此時天氣涼爽、陽光充足、日夜溫差大，有助於植株生長，到了翌年3～4月，日照時數變長有助於開花。初開時黃色，逐漸轉橘紅色，即可採收花瓣。通常在清晨露水未乾時進行，以免花瓣碎裂或花色變深，影響品質，如果太陽出來葉片變硬，銳刺扎手，會影響採收的效率。採下花瓣當天即應晾晒完成，並置於乾燥處，隔幾日再晒一次，以利長期保存。

　　含有紅色和黃色色素，搗碎、水洗和發酵，固化後為紅花餅，可作布匹、食品染料、化妝品原料。並可入藥，有通經活血、祛瘀止痛等效，但孕婦禁用。種子可搾油（Safflowerseed Oil），紅花籽油富含亞油酸，可降血脂、清膽固醇，防止動脈硬化。在醫學上，紅花籽油可作為抗氧化劑和維他命A、D的安定劑。

　　另有切花用的品種，花色橘、黃、乳白等色，但商業栽培並不多。

乳白花品種比較少見

筆者栽培的紅花幼苗。

看似一朵花，其實是一個花序，橘紅色部分是數十朵的舌狀花，苞片帶銳刺。

特徵　一、二年生草本，莖直立，高30～80公分，有或
　　　無分枝。單葉，互生，分為圓葉種（長橢圓形）
　　　及鋸葉種（葉緣鋸齒狀），葉緣與葉尖帶尖刺。
　　　頭狀花序，直徑2～4公分，舌狀花橘紅色或橘
　　　色，苞片有刺。瘦果，乳白色。

用途　染料、油料、藥用與保健料

現況　中南部適合栽培，但並無經濟栽培

別名　紅藍花、黃藍、刺紅花、草紅花、紅花草

英文名　safflower、carthamus、false saffron

國外超市販售的紅花籽油

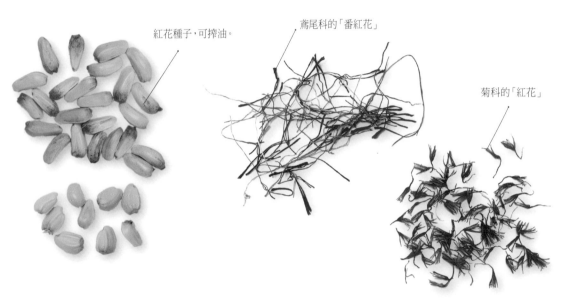

紅花種子，可搾油。

鳶尾科的「番紅花」

菊科的「紅花」

鋸葉品種紅花，分枝較少。

乾燥的紅花

| 落葵科 | *Basella alba* L. | 產期 2～6月、9～11月 | 花期 10～2月 |

落葵

　　落葵可能原產於熱帶非洲或印度,在中國已有2,000多年的栽培歷史。果實外圍的肉質花萼成熟時變為紫黑色,捏破會流出紫紅色汁液,古時候的婦女常做為胭脂原料,也叫胭脂菜。

　　性喜高溫多溼,日照須充足,春、夏、秋3季常見農家栽培,採其嫩葉與蝦共煮,可使風味更甘滑,所以也叫蝦菜。生性強健,耐旱,以播種或扦插繁殖,莖具纏繞性,可立支柱供其攀爬,亦常見匍匐栽培。嫩葉和嫩芽每15～20天採收一次,可連續採收4個月。富含維他命A及鈣質,栽種時很少噴灑農藥,為營養、健康的蔬菜。

特徵 多年生草質藤本,全株光滑肉質,有黏性汁液。莖綠色或紅色。單葉,互生,心形。穗狀花序,無花梗亦無花瓣。粉紅色萼片5枚,授粉後萼片變厚增大肉質化,成熟時轉成紫黑色。胞果,種子1粒,黑色,堅硬。

用途 染料

現況 各地農家菜園零星種植,在部分地區野生。

別名 蔡葵、皇宮菜、臙脂菜、蝦菜、白落葵、木耳菜

英文名 red malabar、white malabar、indian spinach、malabar

落葵的嫩芽、嫩葉可食。

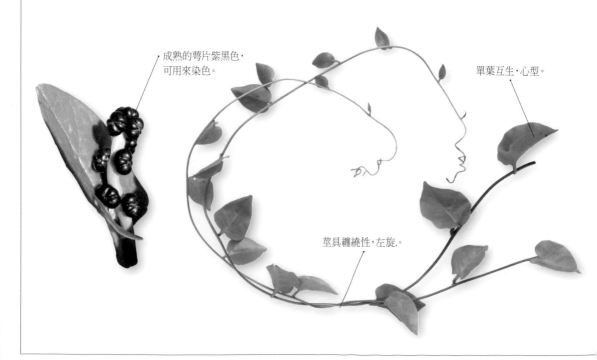

成熟的萼片紫黑色,可用來染色。

單葉互生,心型。

莖具纏繞性,左旋。

| 胭脂樹科 | *Bixa orellana* L. | 產期 2～5 月 | 花期 8～11 月 |

臙脂樹

　　臙脂樹原產於南美洲巴西一帶，當地的原住民常取用其種子外層的紅色假種皮當作染料，用於身體彩繪、染髮，認為可以辟邪兼驅蚊，並用來塗抹武器、工具和染布。發現新大陸後，以染料用途傳遍各熱帶地區。

　　秋天開出粉紅色的花，授粉後果實逐漸增大。為避免種子散落，當果實由紅色轉成咖啡色，搖動時發出沙沙聲響時即可採收。假種皮略帶黏性，可提取胭脂樹紅（Annatto），為天然的紅色和橘色色素，可當作食品之食用色素、紡織品與化粧品之天然著色劑，或作為羊毛、皮草、羽毛、陶瓷、藥膏之染料，並可入藥和改變食物風味。可惜用於染布時，耐洗及耐光堅牢度不佳。秘魯及巴西是最大出口國，全球種子的年消耗量達到1萬公噸以上。

　　喜歡溫暖，台灣中南部栽培可以正常開花與結果，花果均美，為良好之景觀樹木，只是不普遍。北部冬天濕冷，更是少見。

臙脂樹開花，直徑約6公分。

特徵　半落葉性小喬木，高3～9公尺，多分枝。單葉，互生，心形，有長柄，全緣，兩面平滑。圓錐花序，頂生，每花序8～50朵花，花5瓣，粉紅色。蒴果。種子數10粒。

用途　染料

現況　中南部零星種植

別名　胭脂樹、紅木、印色樹、紅色樹

英文名　annatto tree、annatto

結果於枝梢，隨著成熟度增加，果實逐漸變重而使枝條低垂。

成熟裂開的蒴果

蒴果長4～5公分，帶刺。
葉片五出脈

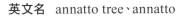
假種皮用手觸摸會染成橘紅色

密布軟刺

藤黃科	*Garcinia subelliptica* Merrill	產期 春至秋季	花期 4 ～ 5 月為主

菲島福木

　　菲島福木原產於菲律賓、印度、琉球群島，台灣的蘭嶼、綠島海岸林中也有分布，不過讀者不必大老遠到離島觀察，因為許多校園、公園、辦公機關常見列植成排，俗稱為「福木」。

漿果成熟黃色，果肉有特殊臭味。

　　為耐風、抗鹽、耐污染樹種，以播種方式繁殖，實生苗具直根系，可培養作防風林。樹葉不多，落葉極少，管理容易。葉形極似日本江戶時代流通的貨幣「小判」，取名為「福木」大抵有招財納福之意。耐陰性強且生長不快，可種在大盆中擺放於室內供觀賞。樹姿優美，常輕度修剪成圓錐形；自然生長則呈中間較寬之紡錘形，給人穩重之感。缺點是開花時有一股酸臭味，果肉亦是，因此果實雖然像大一號的蛋黃酥，卻連鳥畜也不愛採食，多半掉落地上任人踩踏。

　　福木這屬的植物，葉片摘下傷口會泌流出黃色樹脂，含有色素，可提煉黃色染料，用於染布。

特徵　常綠喬木，高5～18公尺，全株有乳汁。莖直立，小枝近方形。葉片對生，近橢圓形，全緣，厚革質，葉緣反捲，表面深綠色，葉背淡綠色。花叢生於葉腋，淡黃色，雌雄異株，雄花先開放。漿果球形，略扁，成熟黃色。種子3～5粒。

用途　染料

現況　各地零星栽培，頗常見。

菲島福木常被列植為庭園樹

別名　福樹、福木、金錢樹

英文名　common garcinia

雌花

雄花，花蕊極似蝸牛觸角。

葉片橢圓形

| 薯蕷科 | *Dioscorea cirrhosa* Lour. | 產期 全年 | 花期 4～5 月 |

裏白葉薯榔

在台灣中低海拔山林中，生長著十餘種的野生薯蕷，其中裡白葉薯榔常用來當作染料。葉表深綠色，葉背灰綠，相對之下明顯偏白，故名「裡白葉」，簡稱「薯榔」。中國南方、東南亞、琉球也有分布。

薯榔是一種攀藤，地底下有大型塊莖，長形、球形或不規則形，外形似山藥，但切開後呈紅褐色，含丹寧酸和膠質，不可食用。

根據《台灣府志》記載：「薯榔，莖蔓似薯，根似何首烏而大，皮黑肉紅，染皂用之。」《台灣通史》也說：「薯榔，產於內山，根如薯，色赭，染布。」將塊莖洗淨，切成薄片、刨絲或搗泥，即可浸染或煮染，取出晒乾後再染，次數愈多，顏色愈深。排灣族人將它和魚網一起水煮，染為黑褐色，膠質也讓魚網變得更堅固。其他原住民族同樣用來染布疋、衣服，或鞣製皮革。將塊莖削成球狀，從山坡滾落，為練習射箭的動靶。塊莖亦可入藥。

新北市平溪區薯榔村舊稱「薯榔寮」，早期先民曾來此種植薯榔，並搭寮而居，因此得名。薯榔以山採為主，除了展示教學或藍染社團之外，很少人刻意栽培。挖採之後應在新鮮狀態下染色，久置乾燥後色澤將會變淺，無法染成深色。經過碳酸鈣處理，可以改善耐洗堅牢度。染色之後的布經過照光，色澤會加深，但經過碳酸鈣處理的色布若照光，色澤反而會變淡。

特徵 多年生藤本，具塊莖，蔓性，莖右旋，不具零餘子。單葉，對生或互生，長卵狀披針形，五出脈。雌雄異株。雄花序總狀呈圓錐狀排列。雌花序總狀，單生於腋生。蒴果，3翅，成熟時裂開。種子有翅。

用途 染料

現況 早期平溪有栽培，目前多採自山野。

別名 薯榔、薯莨、赭魁

英文名 shoulang yam

薯榔開花，雄花序總狀呈圓錐狀排列。

葉片革質，全緣，無毛。

藤蔓右旋性，近基部有刺。

肉質紅褐色，多鬚根，並具疣狀突起。

豆科	*Haematoxylon campechiaunm* L.	產期 全年均有	花期 2～5 月

墨水樹

　　墨水樹原產於熱帶美洲、哥倫比亞、西印度群島一帶，日治時代引進台灣，各地零星栽培，以南部較為常見。可播種、扦插或高壓繁殖，在開闊地樹冠可開展成傘型，若栽於大型花盆則可修剪成各種造型，成為高級盆景植物。葉腋有短刺，可栽成綠籬。黃花紅萼，富含蜜液，具香味，為良好蜜源植物。

　　木材可加工做成家具，堅固耐用。心材紫褐色，含蘇木精（Haematoxylin）色素，為藍色或黑色染料，可作顯微鏡檢體觀察之染劑，或製造墨水，用來染羊毛、棉、麻等衣物可經久不褪色。墨西哥人很早就用墨水樹來染色，其傳統服飾常有大面積的黑色，就是使用墨水樹來染色。目前以西印度群島栽培最多，牙買加為最大產地。

特徵　落葉小喬木，高7～12公尺，多分枝。一或二回偶數羽狀複葉，葉腋有銳刺。小葉對生，2～4對。總狀花序腋生，花黃色，萼紅色；雄蕊10枚花絲；子房及花柱均有毛。莢果扁長形，長約3公分，種子1～3枚。

用途　染料

現況　恆春一帶曾造林，各地零星栽培。

別名　洋蘇木、洋森木、黑水樹

英文名　log wood、blood wood tree

總狀花序，有淡淡的香味，常吸引蜜蜂傳粉。

花黃色，萼紅色。

樹冠可開展成傘型，主幹不明顯。

心材顏色深暗，據說沾水後溶出色素可用來寫字。

小葉幾乎無柄，倒卵形。

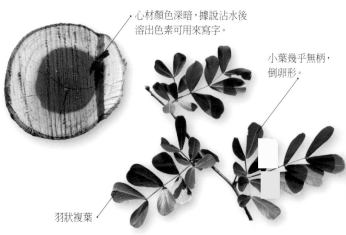

羽狀複葉

| 豆科 | *Pterocarpus indicus* Willd. | 產期 全年均有 | 花期 4～5 月 |

印度紫檀

印度紫檀原產於印度、緬甸、馬來半島、菲律賓等地，台灣於日治時代引進，常栽培作行道樹或校園、大型公園觀賞樹。

以播種方式繁殖，幼苗生長頗快，屬於速生樹種，2公尺高即可定植，定植後將低下枝或側芽剪除可幫助主幹長高，冬季落葉期修剪側枝可控制樹寬。樹勢高大，栽培地點宜開闊，株距應至少8公尺，植穴長寬度以3公尺以上為佳。在東南亞成年老樹胸徑可達2公尺，台灣目前大多只有1公尺。木材堅實密緻，心材色澤較暗，具有香氣，為高級家具、建築用材。切開樹皮時會分泌暗紅色樹液，可做紅色染料。在泰國，印度紫檀的花及幼芽亦有人當作蔬菜食用。

另有一種菲律賓紫檀（*Pterocarpus vidalianus* Rolfe），外型相似，主要差別在於菲律賓紫檀的果實有刺，成熟變硬，剝取種子時常會被刺傷。菲律賓紫檀是世界著名的硬木，樹皮受傷時亦會滲出暗紅色樹汁。

台南柳營印度紫檀林蔭大道

心材色澤較暗，樹皮受傷會流出暗紅色樹液。

特徵 落葉喬木，樹幹通直，高可達18公尺。羽狀複葉，互生，小葉7～11片，先端尖。總狀或圓錐花序，開於枝梢或葉腋，花冠蝶形，深黃色。莢果，扁圓形，周圍有薄翼，中間無刺，種子1～2粒。

用途 染料

現況 各地零星栽培

別名 青龍木、薔薇木

英文名 burma coast padauk、rose weod、burmese rose wood、narra、malay

羽狀複葉，小葉7～11片。

印度紫檀的莢果無刺

花金黃色，當天即凋謝。

菲律賓紫檀的莢果有刺

蓼科	*Polygonum tinctorium* Ait.	產期 6 ～ 7 月	花期 6 ～ 11 月

蓼藍

　　蓼藍原產於中國，是溫帶地區最主要的藍染植物之一，除了中國之外，日本、韓國等東亞地區也有栽培。

　　《荀子》勸學篇提到：「青，取之於藍，而青於藍。」是指青色的染料（藍靛、靛青）取自於「藍草」，經過純化，色澤更深於藍草本身的顏色。藍草的種類因地而異，例如蓼藍、菘藍、歐洲菘藍、馬藍、木藍等。長江、黃河流域一帶以蓼藍為主。

　　於2～3月播種，4～5月定植，7月開花前第一次收穫，8月再收割一次。藍靛製法概分為3種：新鮮汁液立即染布的「生葉染」，容易褪色。新鮮莖葉泡水釋出色素後再加入石灰水（調和成鹼性）靜置沉澱的「生葉浸水沉澱法」，製程約10天，較適合濕熱的地區製作。「乾燥堆積發酵法」的製程最久，約100天，較適合溫帶地區。藍靛可用於染布、繪畫顏料及藥用，是17世紀外銷歐洲的商品之一。《齊民要術》中對於它的栽培及應用方法有介紹。

　　蓼藍亦可入藥，有解毒、解熱與殺菌的功效。

　　台北植物園的「詩經植物區」曾經展示栽培，但近幾年來已經很少栽培。

台北植物園曾經栽培的蓼藍，花朵白色。

蓼藍染色的桌布

特徵　一年生草本，高30～90公分。莖有明顯的節，每個節有膜狀的葉鞘。單葉，互生，長橢圓形。花梗自莖頂或葉腋抽出，穗狀花序，花小，粉紅色或白色，瘦果，成熟時黑褐色。

用途　染料

現況　台北植物園等零星栽培

英文名　polygonum indigo、indigoplant、Chinese indigo、Japanese indigo

開紅花者莖節常帶紅色

蓼藍開花，花被5片，粉紅色。

| 茜草科 | *Gardenia jasminoides* Ellis. | 產期 1. 花：5～6月；2. 果：11～12月 | 花期 4～6月 |

栀子花

　　栀子花分布於華南、日本、琉球至中南半島一帶。因果形很像古時候「卮」這種酒器而得名。台灣中、低海拔闊葉林中亦有野生，俗稱「黃栀」，為國人喜愛的香花植物，常作盆栽、庭園樹或綠籬栽培。

　　木材堅硬可用來製作印章、飯匙、湯瓢、煙斗、農具。花為茶葉香料，陰乾後和茶葉分層薰製即成，香氣持久，經多次冲泡仍存有餘香是其優點；亦可當香水原料；將花洗淨也可油炸、炒食或煮湯，晒乾後可泡茶飲用。果肉富含黃色素，乾燥後可入藥，以果皮薄而果實圓小者為佳；若是又大又長的果實則做染料，「經霜乃取，入染家用。」可應用於食品、布匹及化粧品工業。

特徵　多常綠灌木，高1～3公尺。單葉，對生，光滑。花單生，單瓣或重瓣，潔白芳香，成熟後逐漸變黃。漿果，具5～9個稜狀突起，頂端有宿存萼片。種子數10枚。

用途　染料、藥用與保健料、香花與香料

現況　南投、屏東、彰化、嘉義較多，各地零星栽培。

別名　山黃栀、黃枝、栀子、木丹、支子、鮮栀

英文名　gardenia、common gardenia、cape jasmine

果實成熟易脫落，自古即為重要之黃色染料。

雄蕊瓣化形成重瓣花，極少結果，以觀賞為主。

▲重瓣

果肉染出的黃色染液

栀子花的種子

結實纍纍，尚未轉色的栀子花。

花6瓣，雄蕊6枚，極為芳香。

▲單瓣

| 無患子科 | *Euphoria longana* Lam. | | 產期 7 ～ 9 月 | 花期 2 ～ 4 月 |

龍眼

　　每年農曆6月底至7月初，家鄉長輩們經常爬樹摘採龍眼，由於產期集中，除了生食，大部分的果粒都烘製成龍眼乾，稱為「福圓」；去殼去籽的龍眼肉稱為「福肉」，可長期保存而且價格較高，有食補之效。

　　台灣的氣候極適合龍眼生長，不論平地或淺山，屋前或屋後多有種植。早年多半放任栽培，樹型高大採收不易，經過矮化的果園方便管理，也減少採收成本和人力。龍眼可作為山坡地水土保持作物，種成行道樹也很有鄉土特色。木材堅實可做建築棟樑，燒成木炭具有易燃、耐燒、火勢強的優點。花朵清香，富含蜜汁，釀成的龍眼蜜深受國人喜愛。

　　木材萃取的染液呈褐色，葉子依染媒處理的不同呈現黃色或藍紫色，但實際使用情形極少。

特徵　常綠喬木，高可達20公尺。羽狀複葉，互生。圓錐花序，每花序有800～3000朵花，花5瓣，黃白色，有芳香。核果，黃褐色，果肉（假種皮）半透明狀，味甜多汁。種子黑色。自開花到果熟須150～180天。

用途　染料

現況　台南、台中、高雄、南投、嘉義最多，其他縣市亦有。

別名　桂圓、福圓、益智、荔枝奴、川彈子

英文名　longan、lungan

花5瓣，花開時空氣中
瀰漫著淡淡的花香。

羽狀複葉，互生。

烘製好的龍眼乾

| 無患子科 | *Litchi chinensis* Sonn. | 產期 5～7 月 | 花期 2～3 月 |

荔枝

　　荔枝是中國代表性的水果，至今兩廣、海南島上還有野生的荔枝林。目前澳洲、越南、泰國、緬甸、印度、夏威夷、以色列、巴西、南非等國都有栽種荔枝，但不論品種、產量和品質都以中國為第一。

　　台灣的荔枝約有40餘個品種，包括著名的玉荷包、黑葉、糯米滋，以及國人自行雜交育成之台農1號至4號品種。除供內需，亦可冷藏後外銷美國、加拿大、日本。除了鮮食，也可以做成荔枝乾、罐頭、荔枝酒和果汁，只是市場上不多見。可配合養蜂採蜜，木材可製作家具。

　　幾乎全株都可作為染料，木材和葉子可作淡褐色染料，但目前因為化學染劑的大量使用，幾乎沒有實際應用。

特徵　常綠喬木，高可達20公尺，多半修剪成2～3公尺高以便
　　　　管理。羽狀複葉，互生。圓錐花序，無花瓣。核果，成熟
　　　　時粉紅色至暗紅色，表面有龜甲狀細刺，大小因品種而
　　　　異，最重的有60公克（一顆雞蛋約60～70公克）。假種
　　　　皮甜美多汁，種子 1 粒。

用途　染料

現況　高雄、台中、南投、台南、彰化最多，屏東、嘉義次之。

別名　麗支、丹荔

英文名　lichee、litchi、lychee

無花瓣，雄蕊白色，
雌蕊子房綠色。

羽狀複葉，互生。

玉荷包荔枝，果殼外表的棘
尖而深、有刺手感。

黑葉荔枝，為國內栽培最多的品種。

大戟科	*Hevea brasiliensis* Muell.-Arg.	產期 春至秋季	花期 3～4 月為主，5～8 月次之

巴西橡膠樹

　　巴西橡膠樹原產於亞馬遜河流域，其乳汁為天然的橡膠，當地原住民將它收集凝結成具彈性的球當作玩具；下雨天將雙足伸進乳汁中，乾了之後就是合腳的雨鞋。

　　天然橡膠是重要的工業原料，具有彈性、絕緣、防水、密封、抗拉、耐磨等特點，廣泛運用於工業、國防、交通、醫藥和日常生活各方面，可加工成7萬多種製品，其中3分之二用於各式車輛的充氣輪胎，飛機的輪胎更幾乎百分之百使用天然橡膠。是重要的工業原料，也是兵家必爭的戰略物資。二次大戰日本攻占南洋，天然橡膠來源被壟斷，歐美等國乃正式開發及量產合成橡膠。

每花序約有花200朵。

　　巴西橡膠樹的產膠量高、品質好、產膠期長、採膠容易、再生快，為最重要的天然橡膠來源。在熱帶國家，通常自清晨開始割膠，緊接著收膠，一位熟練的工人每天可割膠（含收膠）300～500棵，每年割膠期長達11個月；亞熱帶地區則只有6～9個月。天然橡膠的主產國有馬來西亞、印尼、泰國、印度、中國等，台灣於日治時期引進，雖有種植但並無量產。

巴西橡膠樹結果，與3出複葉。

特徵 落葉喬木，高可達20公尺，受傷時會分泌白色乳狀汁液。3出複葉，互生。圓錐花序，雌雄同株異花，無花瓣，花萼黃或綠色。蒴果，種子3顆，直徑2～3公分，種皮有花斑。

用途 橡膠及樹脂料

現況 日治時代曾推廣，嘉義市山子頂、高雄六龜有母樹林。

別名 橡膠樹、3葉橡膠樹、膠樹

英文名 rubber plant、brazil rubber tree

林業試驗所嘉義樹木園，保存有台灣最大片的橡膠樹林。

3出複葉，互生。

魚骨割膠法的癒合痕跡

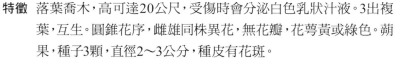
輕輕一割，流出白色乳液。

開花後約5個月，果實掉落裂開，種子四散。

桑科	*Ficus elastica* Roxb.	產期 無	花期 7 ～ 11 月

印度橡膠樹

　　一百多年前，天然橡膠都是從亞馬遜河流域的野生植株（巴西橡膠樹）採集而來，當福特汽車開始大量生產後，橡膠需求激增，逐漸供不應求，許多人開始尋求天然橡膠的替代來源。

　　當時的殖民帝國曾經在東南亞廣植印度橡膠樹，它原產於印度東北部、東南亞，能適應濕熱環境，含有豐富的乳液，種植6～7年即可採膠，製膠品質還不錯。

　　後來，巴西橡膠樹的種子被帶進英國，經由邱園（Kew Garden）的育苗，小苗被引進東南亞的植物園試種，並發明新的採割及繁殖方法，產量大增，人工栽培的巴西橡膠樹愈來愈多，供應量超越了天然橡膠。由於印度橡膠樹的樹皮比較厚，割膠不易，連續採收後產膠量明顯降低，10年後產膠量僅剩十分之一，而且乳液容易硬化失去彈性。諸多缺點，註定要被市場淘汰。

　　現今，印度橡膠樹主要是當成觀賞樹木種植，各大公園、校園常見，幼株可種於大花盆當作室內植物。由於氣根相當發達，竄根問題也很常見，當作行道樹時應避免破壞路面的結構。

特徵　常綠喬木，高度可超過10公尺，主幹多分枝並有氣根，全株富含乳汁。單葉，互生，新葉外有紅色或白色托葉。隱頭花序，隱花果，生於葉腋，但不顯眼。

用途　橡膠及材脂料

現況　各地公園、校園、道路常見

別名　印度榕、橡皮樹、印度橡皮樹、緬樹、緬榕

英文名　india rubber tree、assam rubber tree

單葉，互生。

隱花果橢圓形，直徑約1公分。

新葉外的托葉，紅色或白色，旋即脫落。

印度橡膠樹盆栽。

台北市文林北路的印度橡膠樹行道樹

| 無患子科 | *Sapindus mukorossii* Gaertn. | 產期 8 ～ 10 月果熟，12 ～ 1 月落果 | 花期 4 ～ 5 月 |

無患子

　　《佛說木患子經》有一則故事：印度有個小國，疾病流行，人民困苦，慈心的國王不得安臥，乃求佛開示。佛言：「當貫木患子一百八，以常自隨，若行若坐若臥…，稱佛陀達摩僧伽名，乃過一木患子……，若能滿二十萬遍，身心不亂……。」木患子就是鄉下地方常見的無患子，用隨手可得的無患子串成念珠即可禮佛，顯示其平易近人的一面。

　　盛產於印度、華南、東南亞，果實富含皂素，屬名Sapindus意即「印度肥皂」。春天開花，冬天葉子變金黃色，十分美麗，隨後葉片、果實次第掉落。果實以蠟黃色帶油脂者為佳，可徒手捏出膠狀透明黏液；如果乾縮變為深褐色，使用前須泡水，萃取的皂乳稍差。可在樹下張網收集，或以竹竿敲落果實再拾取。老一輩阿媽常用來洗髮、洗衣、洗碗盤。

　　根、樹皮、嫩葉、果肉均可藥用。木材焚燒時有香味，據說可僻除惡氣。種仁可入藥，本草綱目稱其可防口臭。近年來無患子漸受台灣民眾歡迎，台南市安定區已成立產銷班人工栽培，十年生無患子每株1年約可產果300公斤，萃取出50公升的皂乳，收益不錯。

小葉4～8對

無患子製成的肥皂

冬季老葉變為金黃色，旋即脫落。

果肉可洗滌

種子可當彈珠，為童玩之一。

特徵 落葉喬木,高可達25公尺。冬季落葉,2～3月萌芽。羽狀複葉,互生。圓錐花序,花5瓣,白色,有香味,為重要蜜源及花粉源。核果球形,常相對而生,直徑1.5～2.2公分,成熟時棕黃色至咖啡色。種子1粒,黑色,可代替彈珠,為村童的玩具。

用途 洗滌料

現況 遍布低海拔次生林中,少數地方栽培當行道樹,台南安定有經濟栽培。

別名 黃目子、磨子、菩提子、木患子、油珠子、鬼見愁、油患子、假龍眼、肥皂果

英文名 soapberry、chinese soap berry

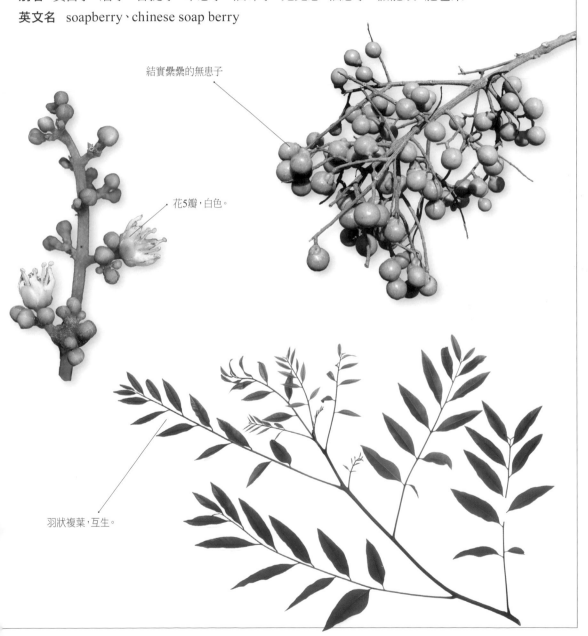

結實纍纍的無患子

花5瓣,白色。

羽狀複葉,互生。

山欖科	*Manikara zapota* L.	產期 3～10 月為主	花期全年均有，4～9 月較多

人心果

　　人心果為日治時代引進的熱帶植物，台語俗稱「查某李仔」，是由英文名sapodilla翻成日文名再轉成台語而得名。在台灣為少見之水果，剛摘下的果實硬硬澀澀的，必須後熟4～7天才軟化可食，吃起來粗粗沙沙的口感，甜頗汁多，亦可做成果醬、冰淇淋、飲料。

　　世界各熱帶、亞熱帶地區都有種植人心果。企業化栽培主要為取其乳汁（chicle gum）製作口香糖。和採收橡膠一樣，先用刀子在樹幹刻畫V字形讓乳汁往下匯流，經煮沸、凝固成塊即可包裝運往工廠，加入薄荷、香料、糖調味成為口香糖。乳汁具黏性，亦可做為手工藝品的黏著劑。人心果的木材堅韌富彈性，可做家具、雕刻；樹型優美，也可當庭園景觀用植物。

特徵　常綠喬木，高3～10公尺。單葉互生，常生於枝端，嫩葉褐色，轉為深綠色，葉面光滑，全緣。花冠壺形，白色。漿果，種子10～12粒。

用途　樹膠與樹脂料

現況　嘉義縣市最多、高雄、台南等其他縣市零星栽培。

別名　查某李仔、查某団仔、吳鳳柿

英文名　sapodilla

花萼密生鏽褐色茸毛，花冠壺形。

人心果，甜蜜多汁。

人心果的乳汁可製作口香糖

葉面光滑，全緣。

切割後流出白色乳汁

| 石蒜科 | *Allium fistulosum* L. | 產期 1. 北蔥：6～11月；2. 四季蔥：10～6月 | 花期 9～5月 |

蔥

　　蔥是台灣料理重要的調味料。盛產期兩把50元的蔥，颱風過後往往1斤「蔥」破200元，菜土菜金令人印象深刻！

　　食用部位是葉子，白色似莖的「蔥白」實際上是由葉鞘抱合組成；葉身圓筒狀中空，綠色。葉鞘和葉身都可當作調味料。

　　台灣的蔥以雲林縣為最大產地，約占全台40％，其品種以「北蔥」為主，北蔥較耐濕熱，稍低溫即開花。宜蘭縣栽培的以「四季蔥」為主，四季蔥喜好冷涼，需持續低溫才開花。北蔥以播種繁殖，四季蔥以分株繁殖。蔥一年四季都可生產，但以農曆1月的品質最佳，因此有「一月蔥，二月韭」的說法。蔥因含有揮發油、硫化物等成分而有一股香味，能增添食物風味。根和葉子亦可入藥。

「大蔥」為日本壽喜燒的配菜之一

特徵　多年生草本，全身有黏液，分蘗2～10枝。葉分為葉鞘和葉身兩部分，葉身圓筒形中空，葉鞘透明膜狀。繖形花序，花莖中空，兩性花，花被6片。蒴果，成熟裂開，種子黑色。

用途　香辛調味料

現況　彰化、雲林、宜蘭、台中、高雄、嘉義較多，其他縣市亦有。

別名　葉蔥、青蔥

英文名　welsh onion、green bunching onion、spring onion、
　　　　　japanese bunching onion

蔥是台灣料理重要的調味料

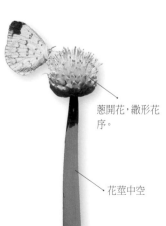

蔥開花，繖形花序。

花莖中空

在畦面覆稻草，可防止雜草生長、增加蔥白長度。

| 石蒜科 | *Allium fistulosum* L. var. *caespitosum* Makino | 產期 1～3 月 | 花期 無 |

分蔥

　　端午節包粽子時，蔥頭酥是必備的調味料，蔥頭酥即分蔥加工製成。原產於亞洲西部敘利亞一帶，長江以南及東南亞各國均有栽培，台灣主要產於雲嘉南沿海地區，尤以台南最多，栽培面積占全台90%。

　　植株外型似青蔥但略小，蔥白亦小，老熟時基部肥大形成紅紫色蔥頭，可爆香成蔥頭酥，俗稱「油蔥」；葉可細切調味或段切炒食。在青蔥嚴重缺貨時，分蔥能替代部分的青蔥，例如颱風過後由泰國進口的泰國蔥即為分蔥。分蔥的辛辣味較淡，泰國人多直接生吃，在台灣則當作配料或調味料，亦可炒食、煎蛋、煮湯。

特徵　多年生草本，地上部冬季枯萎。地下莖為鱗莖，具紫紅色鱗膜。分櫱力強，植株常成叢。葉片圓筒狀中空。繖形花序，花莖中空，兩性花，白綠色，花被6片。蒴果，成熟裂開。

用途　香辛調味料

現況　台南市安南區最多，七股區次之，學甲、北門、將軍、雲林水林、北港亦栽培不少。

別名　珠蔥、紅蔥頭、大頭蔥、四季蔥頭、珠蔥頭、油蔥

英文名　shallot、potato onion、multipier onion

地下莖具紫紅色鱗膜

尚未結球的分蔥，可切段用於調味。

植株外型似蔥但較小，分櫱力強，易成叢。

| 石蒜科 | *Allium scorodoprasum* L. var. *viviparum* Regel. | 產期 1. 青蒜：1～3 月盛產；2. 蒜球：2～4 月 | 花期 無 |

大蒜

　　大蒜原產於中亞至南歐地區，是重要的辛香蔬菜，以雲林縣為最大產地。全株均可食用。在莖葉幼嫩時收穫者稱為「青蒜」，秋冬季普遍栽培，春夏季則利用高冷地種植，因此周年供應並不短缺。部分品種在植株生育後期會抽出花梗，稱為「蒜苔」，可當蔬菜。生產「蒜球」的品種會在基部形成蒜頭。國內以生產蒜球為主，由於大蒜喜好冷涼氣候，高於25℃ 則生育不良，僅適合秋植春收，一年一作，勉強可供應國內所需。

　　含有大蒜素，為一種揮發性硫化物，有異味，可供調味或加工成鹽漬品、蒜粉、蒜頭精。有抑菌、殺菌、降低膽固醇、避免血管硬化及防癌腫等功效，目前廣泛應用於醫藥與健康食品。據說當年建築金字塔的古埃及人，就是常吃大蒜以消除疲勞、恢復體力。

特徵　二年生草本。地下部分由5～10個瓣狀鱗芽組成鱗莖，外側有皮膜。葉片互生，扁平，直立或尖端下垂。花莖彎曲，長約60公分，頂部有總苞。花芽發育中途即萎凋，因此極少開花。

用途　香辛調味料、藥用與保健料

現況　1. 青蒜：宜蘭、台中、雲林、彰化；2. 蒜球：雲林最多，台南、彰化次之。

別名　蒜仔、蒜頭、胡蒜

英文名　garlic、garlic bulb

高冷地的青蒜於5～11月採收。

地下形成的蒜球

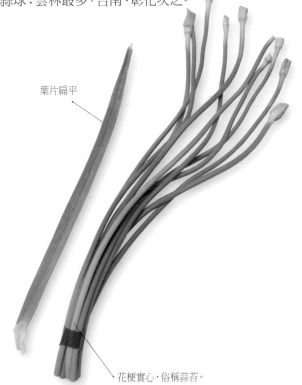

葉片扁平

花梗實心，俗稱蒜苔。

十字花科	*Eutrema japonica*（Miq.）Koidz.	產期 12～5 月為主，加工品全年均有	花期 3～4 月

山葵

　　山葵原產於中國和日本，以日本人利用最多，其地下莖含有特殊的辛、甘、香味和黏性，是日本人吃生魚片、天婦羅必備的佐料。其他國家甚少栽培食用。

　　在日本，經常於山谷溪邊築梯田引水，或利用地下湧泉栽培。忌直射光，必要時需拉黑網形成遮蔭，稱為「澤山葵」或水山葵。澤山葵的生長期較陸山葵（種於森林下）長，成本較高，但品質較優。

　　台灣的山葵係日本人於開發阿里山時引進，栽培範圍不斷擴大，常見於紅檜、柳杉針葉林蔭下，部分山區已歸化野生。由於栽培山葵需適度疏伐森林，為防止濫墾，近年來國有林班地已不能再種植山葵，八八風災後栽培面積更為減少。

　　為配合日本市場需求，山葵多集中在12～5月採收，切除鬚根、葉片，留下地下莖及部分的葉柄，沖洗瀝乾後分級、包裝、冷藏，可空運日本或供應國內日本料理店使用。山葵幾乎全株都可食用，鮮葉可煮味噌湯，葉柄、花梗可炒食、鹽漬、醋漬，亦可混合地下莖調製成山葵糊。其「嗆、衝」味的主要成分是芥子油，平常與糖類結合成配醣體，當山葵磨成糊狀時，配醣體因酵素分解產生芥子油而揮發，因此應隨磨隨用，「衝」味才不會變淡。

特徵　多年生宿根草本。地下莖肥大、圓柱形，長5～30公分，直徑2～4公分。葉近心形，葉柄長3～50公分，葉面有光澤。總狀花序，花 4 瓣，白色。長角果，種子數粒。

用途　香辛調味料

現況　阿里山地區為主，平地栽培於嘉義民雄、台南復壁。

別名　哇沙米、山蘿菜

英文名　wasabia

山葵開花，白色，四瓣。

葉片近心臟形，邊緣鋸齒狀。

地下莖呈圓柱形，表面有凹凸不平之葉柄痕。

阿里山地區的山葵，常種於森林下蔽蔭之坡地。

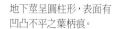
以山葵為原料製成的調味料

唇形科	*Mentha Canadensis* L.	產期 5 ～ 6 月、8 月、10 月	花期 6 ～ 10 月

薄荷

　　薄荷屬的植物約有15種，600多個品種，近年來引進很多品種，為廣受歡迎的香草植物。性喜溫暖濕潤，生育適溫20～30℃，冬季低溫地上部易枯死，但地下莖於春天時可重新萌芽。日照充足可提高薄荷油的產量。接近開花期時於連續晴天之中午12時至下午2時間收割，薄荷油和薄荷腦含量最高。

　　台灣早期栽種極多，面積曾高達7,000公頃，以雲林縣最多，供提煉薄荷油、薄荷腦，但目前大多只有零星種植，一般農家常取其莖葉用來燉雞。其地下莖呈匍匐狀，容易長根，部分地區已歸化野生。

　　薄荷油的成分為薄荷腦、薄荷酮等，以葉片含量最多，每年至少可採收2～3次。乾燥後蒸餾取油，味道辛辣、清涼而芳香，為口香糖、排子粉、糖果、飲料、牙膏、香皂、喉糖、膏藥等常用的原料之一。亦可製藥，有殺菌、健胃、發汗、散熱、醒腦、止癢等效。

荷蘭薄荷，葉表凹凸狀，多用於口香糖之香料。

薄荷腦

特徵　多年生宿根草本，全株含香氣。莖直立或匍匐狀，多分枝，高20～70公分，方形，綠色或紫紅色。葉片對生，葉緣鋸齒狀。輪繖花序，開於葉腋或枝梢。花冠唇形，白色或稍帶紫色。小堅果，一般結籽不多。

用途　香辛調味料、藥用與保健料

現況　雲林水林最多，嘉義溪口、雲林土庫次之。

別名　仁單草、升陽草、夜息花

英文名　mint、peppermint

枝葉均對生

花白色

英國薄荷，為英國地區愛好使用的品種。

胡椒薄荷可用於食物的調味或沖泡薄荷茶

柳橙薄荷，含柳橙味，可用於泡茶、咖啡、烹調。

萊姆薄荷，有濃濃的萊姆味。

| 唇形科 | *Ocimum basilicum* L. | 產期 5 ～ 10 月較多，冬季較少 | 花期 6 ～ 9 月 |

羅勒

　　羅勒是台菜料理中常使用的香辛料，因為花序層層相疊如寶塔，俗稱九層塔。原產於熱帶非洲、印度、太平洋等地。台灣各地零星栽培，部分地區也有逸出野生，依照莖枝顏色，分為紫莖（紅梗）種和綠莖種。以播種與扦插方式繁殖，只要氣候溫暖，日照排水良好都很容易栽培。適度採收可促進分枝，提高產量。但開花的植株容易老化，香味也降低，因此應隨時摘除花枝。

　　種類與品種有許多，國內引進的尚有大葉羅勒、細葉羅勒、甜羅勒、紫葉羅勒等。其中甜羅勒是製作義大利青醬的原料，拌合橄欖油、松子後磨碎，為義大利麵必備的配料。

　　全株有香氣，可入藥，亦可蒸餾萃取精油，味道清新淡雅。成熟株的根莖燉煮後是民間常用的滋補劑。

羅勒是台灣常見的香辛調味料

特徵 多年生草本，常呈灌木狀。莖枝四方形，高30～80公分，多分枝。葉片對生，葉緣略成鋸齒狀。聚繖花序，生於莖枝頂梢或葉腋。唇形花冠，粉紫色或白色。小堅果。

用途 香辛調味料

現況 雲林最多，屏東、高雄、彰化次之，其他縣市零星栽培。

別名 九層塔、零陵香

英文名 basil、common basil

羅勒通常在清晨採收比較鮮嫩

細葉種羅勒，葉長不到 3 公分。

大葉羅勒，葉長可達 15 公分。

花朵4～6朵排列成輪狀

| 唇形科 | *Perilla frutescens* (L.) Britt. | 產期 3～8月盛產，9～2月淡產 | 花期 5～10月 |

紫蘇

　　紫蘇自古以來就是芳香調味料，並可入藥。依照葉片的顏色，常見的有紅紫蘇和青紫蘇，其中以紅紫蘇較普遍，部分地區逸出野生。嫩葉味道清香，於開花前或花序初現時採收，清洗乾淨，適合炒食（可去腥味）、油炸、製果醬、醃漬紫蘇梅（可防腐、殺菌、著色），日本人常用以佐食生魚片。葉片晒乾後備用，稱為蘇葉。

　　春季或秋季播種，可直播或育苗再定植。全株含紫蘇醛，含甘味成分，為砂糖的2,000倍，可作楓糖、甘草的代用品。夏天大量開花，可當蜜源植物。花朵蒸餾出香精可作為化妝品、牙膏之香味原料。種子成熟時於晴天採收，晒乾後稱為蘇子，可提煉精油、調味料。

特徵　一年生草本，高30～100公分，全株均有毛，富含香味。莖四方形，多分枝。葉片對生，葉緣鋸齒狀。總狀花序，生於莖梢或葉腋，花冠唇形，白色或淡紅紫色。小堅果，每4～6個排列成輪狀。

用途　香辛調味料

現況　雲林水林較多，各地零星栽培。

別名　赤蘇、紅蘇、香蘇、紅紫蘇、荏、桂荏

英文名　perilla、purple perilla、beefsteak plant、acute common perilla

青紫蘇與紅紫蘇

葉緣鋸齒狀

紅紫蘇含有花青素，可以當觀賞植物。

開花於莖枝頂梢或葉腋

葉片對生

樟科	*Cinnamomum osmophloeum* Kanehira	產期 5 ～ 6 月、10 ～ 11 月	花期 3 ～ 5 月

土肉桂 特有種

　　一般所說的肉桂包括錫蘭肉桂、中國肉桂（*C. cassia* Presl.），前者常作香料（肉桂粉），後者常當藥材（桂皮）或作中式料理香料。由於無法連年剝皮，剝取不當更會造成樹木傷亡，對生態環境影響比較大。

　　土肉桂是台灣的特有植物，生長於中北部海拔400～1000公尺闊葉林中的陡峭、向陽坡上。其葉片的肉桂醛含量比樹皮高出甚多，可代替桂皮使用，且葉片可連年採收，不必剝樹皮，不傷樹體。

　　經過林業試驗所的篩選、復育與推廣，目前已有人工造林並配合工廠蒸餾精油，作為洗髮精、蟲類忌避劑、食品香料之原料。樹形優美，可做為行道樹，並為平地造林樹種之一。葉片可直接嚼食，甜辣而帶粘液，有提神、健胃之效，並可作為煮肉之香料。

　　春季扦插或高壓法繁殖，由於精油含量並不一致，有些植株甚至不含香氣，因此插穗宜選自味道較甜辣、香氣較濃的母樹。

聚繖花序，常開於枝梢或葉腋。

晒乾後的土肉桂葉片，便於包裝貯藏。

特徵 常綠喬木，高2～10公尺，葉片對生或接近
對生，主脈3出，葉背粉白色。聚繖花序，花
被6片。核果，種子1顆。

用途 香辛調味料

現況 南投較多，中北部零星栽培。

別名 台灣土玉桂、假肉桂

英文名 rdour-bark cinnamon 、indigenous
cinnamon tree

林業試驗所開發的
土肉桂洗手乳

土肉桂結果

葉片主脈3條

葉背略白

嫩葉與花序約略同時抽出，嫩葉粉紅色

| 樟科 | *Cinnamomum verum* J. S. Presl | 產期 4～6月、10～11月 | 花期 全年均有，1～3月較多 |

錫蘭肉桂

　　錫蘭肉桂和樟樹同屬，相較於一般中藥用的肉桂（*Cinnamomum cassia*，中藥名桂皮、桂枝），錫蘭肉桂的味道香甜且辣味較淡，香豆素（coumarin）含量低，不傷肝，自古以來即為重要的香料。

　　盛產於斯里蘭卡（錫蘭），產量超過全球八成，尤以該國西南部生產的品質最佳，深受國際珍視，價格昂貴。印度、中國華南、印度洋上的塞席爾、馬達加斯加也有商業栽培。

　　播種繁殖為主，通常會密植，在開花期之後收穫。通常清晨5、6點開始作業，此時的樹皮比較濕潤易剝。保留主幹，僅砍取3～5公分粗的側枝，側枝愈平直、分枝愈少，桂皮也將愈大。先剔除綠色嫩梢和樹葉，僅留下褐色的段位。將外表洗淨後，刮去粗糙的表皮。放在零下10℃冷凍8小時，可以更容易取皮。切開皮層，取下桂皮，以外大內小的方式組裝成約42英吋長的樹皮捲筒，自然風乾。大約12小時後，等桂皮變硬即可鋸切、分級，每10～40片綑成一束銷售。

　　樹皮含有肉桂醛等成分，乾燥後可磨製成肉桂粉，可增添咖啡（卡布其諾）、巧克力熱飲、西式糕點、麵包的風味，亦為咖哩配料之一。肉桂片熬湯可去除肉類的腥味，肉桂棒可用於調味。葉片能提煉精油，稀釋後可用來按摩或泡澡。

　　台灣於1901年即引進，各地零星栽培，但大多當作庭園樹木觀賞。

嫩葉紫紅色，帶有春天的氣氛。

果實卵形或橢圓形，成熟後變為黑色。

特徵 常綠喬木，高可達10公尺，幼枝常呈四稜形。葉對生，3出脈，光滑無毛，葉背淡綠色。圓錐花序，花淡黃色。核果，成熟紫黑色，種子1顆。

用途 香花與香料、藥用與保健料，香辛調味料

現況 各地零星栽培

別名 肉桂、錫蘭樟

英文名 cinnamon、ceylon cinnamon、cinnamon tree

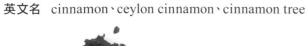

圓錐花序，著生於枝梢。

肉桂粉

錫蘭肉桂，味道甜、辣味淡

中藥材桂皮，質感較粗糙，辣味較強。

葉片對生，揉之有肉桂香味。

蛋捲狀的錫蘭肉桂捲，可用於調味。

錫蘭肉桂開花，花被片6。

胡椒科	*Piper nigrum* L.	產期 全年均有，4～8月盛產	花期 全年均有，11～3月為主

胡椒

　　鄭和下西洋時，用瓷器和絲綢交換南亞的寶石、珍珠、珊瑚等特產，其中從古里國（今印度西南岸）帶回幾十噸的胡椒作為調味料，深受上流社會喜愛。

　　喜好高溫多雨的氣候，在印度、東南亞，採下的胡椒粒數以千斤計的曝晒在陽光下，類似農村在晒稻穀，場面頗為壯觀。台灣僅零星栽培，產量少只夠放在竹盤中曝晒。國產胡椒香氣濃，市場反應頗佳，但胡椒粉仍以進口為主，每年進口量約6,000公噸。

　　筆者曾從嘉義大學移植數棵「矮性胡椒」至台北植物園，適應情形尚好並有開花，但在果實成熟轉紅之際植株即告不見，可能是被盜挖，殊為可惜。扦插繁殖為主，定植後2～3年開花，從開花到果實成熟需半年或更久。

　　依據成熟度及調製方法，可分成白胡椒、黑胡椒、綠胡椒或紅胡椒。在果實綠熟時採下，放入水中煮沸，撈起後連皮晒乾磨粉即為黑胡椒，可蒸餾成黑胡椒精油，供調味、藥用，也可調製成香水或按摩油。若果實紅熟才採收，泡水去皮後晒乾磨粉即為白胡椒，味道較香。

尚未成熟的幼果

特徵 多年生藤本，莖節處有氣根，可攀緣生長達7～10公尺，經濟栽培者會控制在2～3公尺高以方便採收。台灣栽培的以矮性品種為主，高50～60公分。單葉，互生，全緣。花多為兩性花，穗狀花序下垂狀，無花瓣。漿果球形，數十顆集生成串狀，種子1粒。

用途 香辛調味料、藥用與保健料

現況 高雄六龜栽培最多，嘉義、屏東零星栽培。

成熟轉色的胡椒

別名 黑白川、玉椒、古月

英文名 pepper、black pepper

葉主脈5～7條，葉色暗綠有光澤。

磨粉的黑胡椒粒

未熟果為綠色，成熟時轉成紅色。

| 繖形科 | *Coriandrum sativum* L. | 產期 全年 | 花期 2～5 月 |

芫荽

　　小時候和媽媽去買菜時，賣菜阿姨都會贈送幾根香菜（芫荽），除了用來調味，也可拉進主顧的情誼。

　　原產於南歐地中海沿岸，張騫通西域時傳入我國，稱為胡荽。到了晉期末年，為避開石勒（五胡十六國的君王之一，不喜歡被稱為胡人）的忌諱，改名為芫荽。全株富含揮發性的胡荽腦等香氣，俗稱香菜。性耐寒不耐熱，冷涼氣候下品質較好，故冬季產量較高。全年皆可播種，發芽後30～40天採收，若植株開花則品質變差。

　　古今中外，芫荽都是一種重要的調味料，東方國家利用新鮮的莖葉裝飾或調味；歐美人士則認為它具有「椿象」般的惡臭，只利用種子，大多提煉為香料，應用在香腸、麵食、糖果，或是作香水、香皂、化妝品和酒類原料。種子是印度咖哩的配方之一。

　　芫荽雖具有開胃、增進食慾、減輕胃腸脹氣的食療效果，但揮發性油的含量較高，最好不要一次使用太多。

特徵　一年生草本，未開花前高10～15公分，開花後高60公分。羽狀複葉，互生。複繖形花序，花5瓣，白色或粉紅色。分生果，由2個半球形的果實合成。種子2粒。

用途　香辛調味料、香花與香料

現況　全台均有，彰化、雲林、台南較多。

別名　香菜、胡荽、香荽

英文名　coriander 、chinese parsley

羽狀複葉，小葉深缺裂。

芫荽開花，白色或粉紅色。

芫荽可用來調味

芫荽幼株

薑科	*Zingiber officinale* Roscoe	產期 1. 嫩薑：5～10 月；2. 老薑：9～3 月	花期 10～11 月

薑

　　薑原產於東南亞熱帶森林，目前世界各溫暖國家都有栽培。早年由先民引進，以南投縣埔里、名間兩鄉鎮栽培最多。

　　栽培薑的土層宜鬆軟深厚，石礫不宜太多。生產嫩薑的環境宜稍陰濕，才能使肉質柔嫩，纖維少而多汁；生產老薑者日照、排水須良好，氣候宜乾燥，才能使辣味強而少汁。通常在春天種植，萌芽後陸續形成新的地下莖。當葉片乾枯，地下莖充分成熟，稱為「老薑、薑母」，此時辣味最強，所以「薑是老的辣」。晒乾後可貯藏3～4個月，適合煮薑母茶、製成薑粉、薑餅或釀製薑酒。

　　薑含有揮發性的薑油酮和薑油酚，可蒸餾萃取金黃色精油，有增進食慾、促進腸胃蠕動、發汗健胃、去腥抗菌之效。

特徵　多年生宿根草本，地下莖肥厚肉質，地上莖由葉鞘聚集而成，高60～100公分。葉片互生。穗狀花序由根莖抽出，高20～30公分，唇瓣大而向下、向後反捲，紅色。蒴果，球形或軟卵圓形，種子黑色，但通常很少結果。

用途　香辛調味料、藥用與保健料

現況　1. 嫩薑：南投、宜蘭；2. 老薑：南投、高雄、嘉義、台中、台東。

別名　生薑、乾薑

英文名　ginger、common ginger

充分成熟的老薑，辣味最強。

葉片全緣，互生。

唇瓣上有紫色條紋及淡黃色斑點

苞片綠色

葉鞘聚集成地上莖，地下莖肥厚肉質。

茄科	*Capsicum annuum* L.	產期 12～6月盛產，7～11月淡產	花期 全年

辣椒

　　辣椒原產於祕魯、墨西哥一帶，當地已有幾千年的食用歷史。哥倫布發現新大陸後傳入歐洲，為世界上消費量最大的香辛調味料，估計每天大約有四分之一的人口食用它。

　　品種很多，果實大小、形狀、色澤、辣度均不相同，通常於充分肥大後再採收，如果太早採收辣味會不強。鮮嫩的辣椒外表圓潤，適合炒食、醃漬。其辣椒素含量以果皮及胎座部位最多，並富含維他命A、C，適量食用有益健康。在醫學上，果皮乾皺的老辣椒可當中藥，具有促進血液循環、祛寒的功能；在外用上，可做成軟膏、油膏或貼膏，對肌肉疼痛、關節炎、腰痛等具有療效。在料理上，辣椒可鮮食、晒乾、磨粉，或作成辣椒泥、辣椒醬、辣椒油等各種調味品。

特徵　一或多年生草本，高30～120公分。單葉，互生，全緣。花腋生，白色為主，5～6瓣。漿果，長1.5～30公分不等。種子扁平，多數。

用途　香辛調味料、藥用與保健料

現況　各地均有，嘉義最多、屏東、高雄、台南，台中次之。

別名　番薑、番椒、秦椒、辣子

英文名　pepper、hot pepper、long pepper

葉全緣，無毛。

花腋生，白色為主。

辣椒乾可製成辣椒油、烹調或入藥。

辣椒晒乾磨成粉末，可用來調味。

辣味不強的糯米辣椒

中名索引

學名索引

台灣經濟作物圖鑑
依照12大經濟用途分類，收錄在台栽種歷史與新興保健作物　YN7002

作　　　者	郭信厚
責任主編	李季鴻
協力編輯	趙建棣
校　　　對	黃瓊慧
版面構成	林皓偉、張曉君
封面設計	林敏煌
影像協力	廖于婷
總 編 輯	謝宜英
行銷業務	鄭詠文、陳昱甄

出 版 者　貓頭鷹出版

發 行 人　涂玉雲

發　　　行　英屬蓋曼群島商家庭傳媒股份有限公司城邦分公司
　　　　　　104 台北市中山區民生東路二段 141 號 11 樓　城邦讀書花園：www.cite.com.tw

購書服務信箱：service@readingclub.com.tw

購書服務專線：02-25007718 ～ 9（週一至週五上午 09:30-12:00；下午 13:30-17:00）

24 小時傳真專線：02-25001990 ～ 1

香港發行所　城邦（香港）出版集團／電話：852-28778606 ／傳真：852-25789337

馬新發行所　城邦（馬新）出版集團／電話：603-90563833 ／傳真：603-90576622

印 製 廠　中原造像股份有限公司

初　　　版　2019 年 7 月

定　　　價　新台幣 890 元／港幣 297 元

ISBN　978-986-262-391-6

貓頭鷹

讀者意見信箱　owl@cph.com.tw

投稿信箱 owl.book@gmail.com

貓頭鷹知識網　http://www.owls.tw

貓頭鷹臉書 facebook.com/owlpublishing/

【大量採購，請洽專線】(02)2500-1919

國家圖書館出版品預行編目(CIP)資料

台灣經濟作物圖鑑 / 郭信厚著 . -- 初版 . --
臺北市：貓頭鷹出版：家庭傳媒城邦分公司
發行 , 2019.07
256 面；17×23 公分
ISBN 978-986-262-391-6（平裝）
1. 經濟植物學 2. 植物圖鑑 3. 臺灣

376.025　　　　　　　　　　108010167